Frank Lehmkuhl

Geomorphologische Höhenstufen in den Alpen unter besonderer Berücksichtigung des nivalen Formenschatzes

GÖTTINGER GEOGRAPHISCHE ABHANDLUNGEN

Herausgegeben vom Vorstand des Geographischen Instituts
der Universität Göttingen
Schriftleitung: Karl-Heinz Pörtge

Heft 88

Frank Lehmkuhl

Geomorphologische Höhenstufen in den Alpen unter besonderer Berücksichtigung des nivalen Formenschatzes

Mit 39 Abbildungen, 6 Tabellen, 64 Diagrammen
und 6 Beilagen

1989

Verlag Erich Goltze GmbH & Co. KG, Göttingen

Gedruckt mit Unterstützung des Deutschen Alpenverein e.V.

ISSN 0341-3780
ISBN 3-88452-088-1

Druck: Erich Goltze GmbH & Co. KG, Göttingen

INHALTSVERZEICHNIS

VERZEICHNIS DER ABBILDUNGEN

IM ANHANG

VERZEICHNIS DER TABELLEN

VORWORT

Die vorliegende Arbeit basiert auf Geländeuntersuchungen in verschiedenen Teilen der Alpen während der Sommermonate 1986 sowie einzelnen Nachbegehungen im Sommer 1987. Die Auswertung erfolgte anschließend in Göttingen im wesentlichen 1987 und 1988.

Mein besonderer Dank gilt meinem verehrten Lehrer Herrn Professor Dr. J. HÖVERMANN für die Anregung und Betreuung dieser Arbeit. Weiterhin danke ich Herrn Professor Dr. J. HAGEDORN für sein Interesse und seine Unterstützung sowie zahlreichen Kollegen am Geographischen Institut für anregende Diskussionen und Hilfestellungen, vor allem Herrn Dipl.-Geogr. J.-P. JACOBSEN sowie Herrn Dipl.-Geogr. J. BÖHNER.

Der Großglockner-Hochalpenstraßen-AG sei an dieser Stelle für die Erstellung einer Mautbefreiung sowie Herrn Ing. KUGI von der Österreichischen-Drau-Kraftwerke-AG für die Bereitstellung von Klimadaten einer Station an der Kölnbreinsperre (Ankogel-Gruppe) gedankt.

In Grenoble sei der CEMAGREF, insbesondere Herrn BRUGNOT, und dem Institut Météroloqie für die Bereitstellung von Lawinen- und Klimadaten, Herrn Professor Dr. G. MONTJUVENT vom Institut de Géologie und Herrn Professor Dr. R. VIVIAN vom Institut Géographie Alpine für einige Auskünfte und Anregungen gedankt.

Herrn Prof. Dr. A. RAPP und Herrn Dr. R. NYBERG, Universtität Lund, Schweden, möchte ich für zahlreiche Diskussionen im Zusammenhang mit Geländebegehungen im Harz und im Söderasen (Südschweden) danken.

Zu Dank verpflichtet bin ich auch der Kartographischen Abteilung, insbesondere Herrn E. HÖFER, für die Unterstützung bei der Erstellung druckfertiger Karten.

Mein besonderer Dank gilt schließlich meiner Frau Carola, die diese Arbeit von den Geländearbeiten bis zu den Reinzeichnungen der Kartenskizzen jederzeit unterstützt hat; ihr sei diese Arbeit gewidmet.

Frank Lehmkuhl
Göttingen, im April 1989

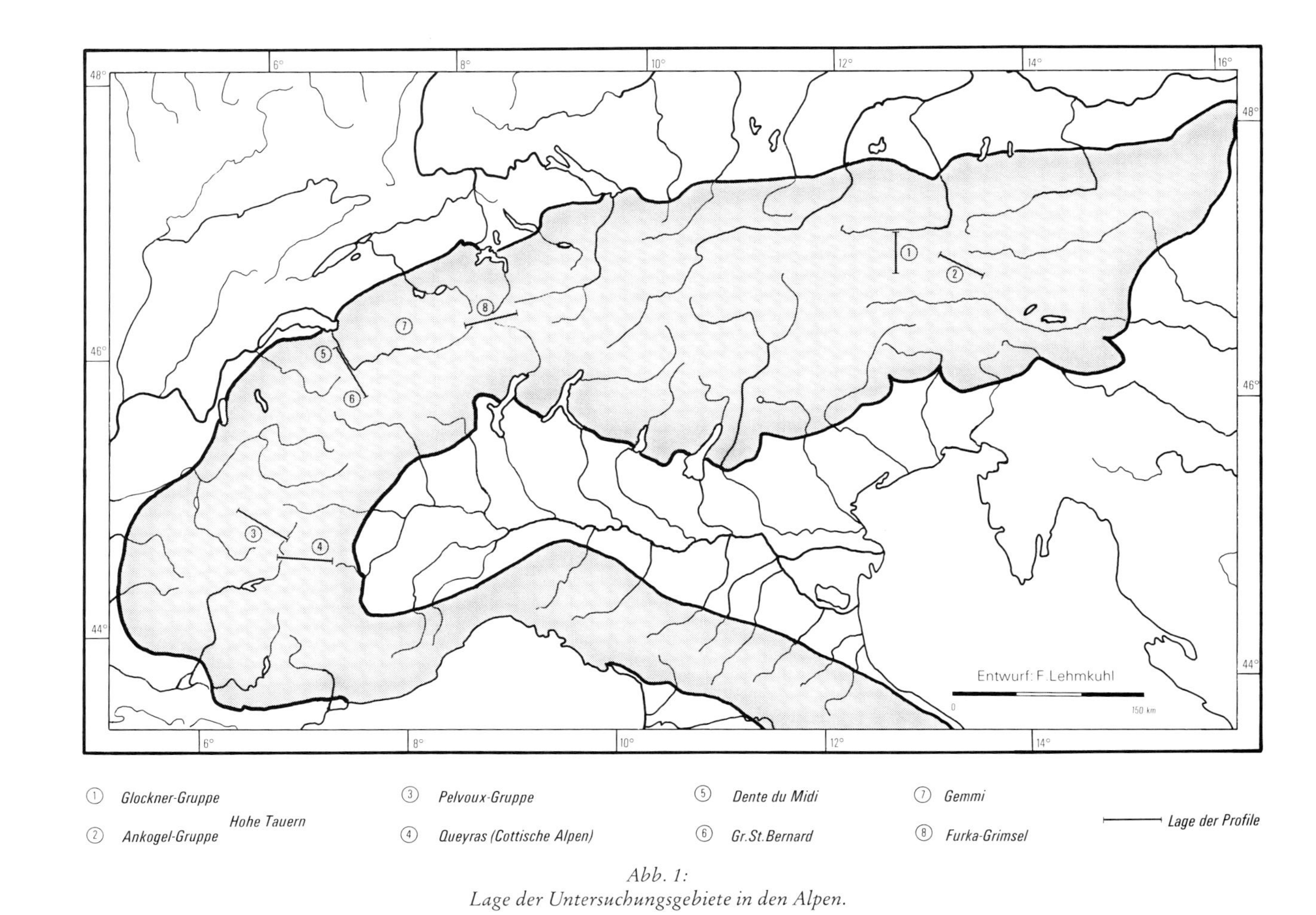

Abb. 1:
Lage der Untersuchungsgebiete in den Alpen.

I. EINFÜHRUNG

A. Einleitung

Der Hauptgegenstand der Untersuchungen ist eine **Höhenstufe mit überwiegend nivaler Formungsdominanz** in den Alpen, ausgehend von dem Ansatz der klimatischen Morphologie auf landschaftskundlicher Grundlage nach J. HÖVERMANN (1983 und 1985), der besonders 1985 und 1987 auf eine Höhenstufe nivaler Formung in Tibet hingewiesen hat[1]. Der Anstoß zu dieser Arbeit entstand im Verlauf einer Westalpen-Exkursion Sommer 1985 unter Leitung von Prof. Dr. J. Hövermann. In der zuvor abgeschlossenen Diplomarbeit (1985) habe ich bereits eine nivale Höhenstufe im Glocknergebiet nachweisen können.

In der Folgezeit erschienen zahlreiche Diplomarbeiten am Geographischen Institut der Universität Göttingen, die sich u.a. mit der Frage einer nivalen Höhenstufe in verschiedenen Gebirgen beschäftigt haben (zeitgleich KRÜGER 1985 im Kebnekaise-Gebiet (Schweden), SCHULZE 1986 und LINEKE 1987 in den White Mountains (USA), ROST 1988 in Jotunheimen (Norwegen)). In allen Arbeiten wird eine nivale Stufe im Sinne von HÖVERMANN bzw. eine subnivale Stufe mit überwiegender Formung durch den Schnee nachgewiesen.

B. Problemstellung

In dieser Arbeit sollen der **hypsometrische Formenwandel** und die Formungsprozesse in den Alpen mit Hilfe von ausgewählten Untersuchungsgebieten primär anhand der aktualgeomorphologischen Höhenstufung behandelt werden[2]. Der Schwerpunkt soll dabei in der Ausgliederung einer nivalen Höhenstufe liegen.

Die herkömmliche Einteilung der periglazialen Höhenstufe in ein unteres Stockwerk der gebundenen Solifluktion und in ein oberes Stockwerk der ungebundenen Solifluktion und Frostschutthalden (hierzu besonders KARTE 1979 u. a.) beruht auf den vorherrschenden Prozessen und Prozesskombinationen (frostdynamische Vorgänge dominieren) und schließt nivale Formung und Prozesse mit ein. Nach dem Prinzip der klimatischen Geomorphologie auf landschaftskundlicher Grundlage (HÖVERMANN 1985), dem ich in dieser Arbeit folge, werden jedoch Landschaften unterschieden, die eine charakteristische Prägung der Oberflächenformen, im Sinne eines bestimmten Stils der Formung, der gewässernetzübergreifend ausgebildet ist, aufweisen (HÖVERMANN 1985, S. 144). Die so definierte Landschaft zeigt in der periglazialen und der von mir im Sinne von HÖVERMANN (zuletzt 1987) verstandenen nivalen Höhenstufe ein völlig anderes Bild. Die nivale Höhenstufe hat wesentlich schärfere Formen als die periglaziale Höhenstufe (Formungsregion), in der weichere, sanfte Formen überwiegen. Diese schärfere Formung äußert sich durch eine Gliederung steilerer Hänge durch zahlreiche Nivationstrichter und -runsen sowie einer Differenzierung des

---

1 Zur nivalen Höhenstufe in Nordost-Tibet s.a. WANG JINTAI (1987).

2 Zum Problem der rezenten Höhenstufung im Hochgebirge vgl. insbesondere HÖLLERMANN (1964, 1976a) und ROLSHOVEN (1977); zur räumlichen Ausdehnung der rezenten geomorphologischen Prozesse und Prozesskombinationen vgl. HAGEDORN & POSER (1974), für die französischen Alpen: CHARDON (1984).

Flachreliefs u.a. durch Nivationsmulden. Dies wird im einzelnen im Kapitel II. B.4. dargelegt.

Diese Tendenz läßt sich sowohl im Luftbild als auch im Gelände mehr oder weniger deutlich erkennen. Der Einfluß des Klimas auf die nivale Höhenstufe zeigt sich u.a. in den Expositionsunterschieden[3]. Die Geologie – bedingt durch die unterschiedliche morphologische Wertigkeit der Gesteine – und das Relief sind ebenfalls wesentliche Faktoren bei der Ausbildung einer nivalen Höhenstufe. Die Ausgliederung dieser nivalen Höhenstufe mit Hilfe der Analyse ihrer typischen Formen und Formengesellschaften und ihre Unterscheidung von den Formengruppen der benachbarten periglazialen und glazialen Höhenstufe soll den landschaftskundlichen Ansatz überprüfen. Es werden zudem die gemäßigt-humide (Wald-) Stufe und die mediterrane Höhenstufe dargestellt und beschrieben, um die Höhenstufen der Alpen vollständig zu erfassen. Die klimatische Eingrenzung der nivalen Höhenstufe, der Verlauf ihrer Grenzen, auch im Vergleich zur Wald- und Schneegrenze, sollen zum Schluß dieser Arbeit betrachtet werden.

C. Zum Begriff der Nivation

Der **Begriff Nivation** wird in der Literatur zuerst von MATTHES (1900) verwendet und eingeführt, später übernahmen ihn BOWMAN (1916) und LEWIS (1939). Unter diesem Begriff werden Verwitterung und Abtragung in der Umgebung von temporären oder perennierenden Schnee- oder Firnflecken durch Bewegung und Druck des Schnees selbst und durch dessen Schmelzwässer subsummiert. SCHUNKE (1974, S. 275) versteht unter Nivation ein Prozeßgefüge, in dem Frostsprengung, Solifluktion, Abspülung, Kryoturbation sowie Sturzdenudation und Schneedruck zusammenwirken. THORN (1979a, S. 41) führt fünf Hauptprozesse an: (1) intensive Frostverwitterung, (2) beschleunigte, chemische Verwitterung, (3) Hangabspülung, (4) verstärkte Solifluktion durch stark durchfeuchtetes Feinmaterial und (5) Schutttransport durch Schneekriechen[4].

In den Alpen beschäftigte sich hauptsächlich BERGER (1964) mit dem Problem der Nivation. Er wies in den Ostalpen zwei nivale Stufen aus, die erste ab etwa 1900m mit linearen Formen der Rinnen- und Furchennivation und die zweite ab etwa 2400m aufwärts mit Formen der flächenhaften Wirkung des Schnees auf den Untergrund (Schneeflecken, Schneenischen, Schneewannen: BERGER, S.61 u. 78). Dieser Gedanke einer nivalen Höhenstufe hat sich nicht durchgesetzt, zuletzt wohl auch deshalb nicht, weil seine Systematik der verschiedenen Nivationsformen sich weder in inhaltlicher noch in terminologischer Hinsicht als zufriedenstellend erwiesen hat, da in dieser Systematik zahlreiche polygenetische Formen enthalten sind, bei denen es nicht möglich ist, den Anteil der Nivation an ihrer Genese zu quantifizieren und damit als dominant zu bezeichnen (vgl. LOUIS & FISCHER 1979, S. 475)[5].

---

[3] Vgl. den Hinweis von HÖVERMANN (1987), daß eine nivale Höhenstufe in den ariden Bereichen Tibets völlig fehlt sowie Kapitel III.A. über ein Auskeilen dieser Formungsregion in den Cottischen Alpen.

[4] Diese von THORN angeführten fünf Hauptkriterien der Nivation werden in der angelsächsischen Literatur für den Begriff der Nivation in den meisten Fällen zugrunde gelegt. Siehe z.B. BALLANTYNE (1985) über Nivationsformen im schottischen Hochland. EMBELTON (1979) zählt außerdem Lawinen zu den nivalen Prozessen.

In der jüngeren Literatur werden nivale Formen hauptsächlich von THORN (1976, 1978, etc., s.o.) in den USA, von RAPP (u.a. 1982, 1983, 1986) in Skandinavien, sowie in Großbritannien von HALL (1980), BALLANTYNE (1985, 1986) u.a. beschrieben. DERBYSHIRE & EVANS (1976) versuchen durch Indizes Nivationsformen, Nivationskare und Kare zu unterscheiden.

Kritik am Begriff Nival/Nivation, wie schon bei LOUIS und FISCHER (1979, s.o.) hat auch THORN (1988) geäußert, wobei er sich hauptsächlich auf die unterschiedliche Anwendung des Begriffes Nivation bezieht. Meine Definition einer nivalen Höhenstufe soll nun aber nicht nur Schnee-Erosion als solche unter dem Begriff Nival fassen und auch nicht die Gletscherregion oder zusätzlich die Region saisonaler Schneebedeckung (z.B. KUHLE 1976 S. 186ff und 1983, HÖVERMANN & HAGEDORN, S. 461) unter dem Begriff Nival/Nivation subsummieren, sondern ich beziehe mich im folgenden bei der Ausgliederung einer nivalen Höhenstufe auf die oben angeführte landschaftskundliche Methode nach HÖVERMANN, wobei sich Nival von Glazial und Periglazial aufgrund des Formenschatzes und des Landschaftsbildes unterscheiden läßt.

Die Verwendung des Terminus Nival ist hier meiner Ansicht nach auch deshalb sinnvoll, weil er in der Geobotanik für eine Vegetationshöhenstufe benutzt wird. Sie entspricht in ihrer Untergrenze nicht der von mir so bezeichneten (klima-) geomorphologischen nivalen Höhenstufe, sondern setzt erst oberhalb der klimatischen Schneegrenze an. Ihre typischen Pflanzengesellschaften reichen aber in Schneetälchen weit herunter. Eine schematische Einteilung der verschiedenen Höhenstufen in den Alpen, auch der Höhenstufe der Vegetation, ist in Tabelle 1 zusammengefaßt.

Die in dieser Arbeit verwendete Definition von Nival soll einen Landschaftstyp oberhalb der periglazialen Höhenstufe beinhalten, in dem die Formung durch den Schnee dominiert. Als Untergrenze wird dabei die Region genommen, in der Nivationshohlformen durch länger andauernde Schneeflecken weitergebildet bzw. vertieft werden, wobei diese Schneeflecken im Flachrelief im Spätsommer (August / September) und im Steilrelief schon im Frühsommer ausapern können. Dies kann durch Barflecken und verschiedene Vegetationsassoziationen innerhalb der Schneetälchengesellschaften (OZENDA 1988, S. 251f; ELLENBERG 1978, S. 562ff) deutlich werden. Nach dem Ausapern der Schneeflecken, die bis in den Spätsommer überdauern und unter denen keine Vegetation bzw. Flechten zu finden waren, konnten an einigen Stellen, bedingt durch die stärkere Durchfeuchtung, ungebundene Solifluktionsloben beobachtet werden.

D. Wahl der Untersuchungsgebiete

Eines der Hauptkriterien für die Wahl der Untersuchungsgebiete (auch um eine Vergleichbarkeit überhaupt zu ermöglichen) war, die Petrovarianz möglichst klein zu halten oder sogar gleichzusetzen, um den Einfluß des Klimas und der Vegetation, resultierend aus zen-

---

[5] Weitere Literatur zur Nivation (dort auch weitere Literaturzitate): in Frankreich MARTONNE (1920), ALLIX (1923), DEMANGEOT (1941), TRICART (1981; über würmzeitliche Nivation in den Vogesen), in Norwegen und Spitzbergen DEGE (1940), in Kanada ST. ONGE (1969); in Skandinavien: RUDBERG (1974), RAPP (1982, 1983, 1986), RAPP, NYBERG & LINDH (1986); in den USA überwiegend THORN (1975, 1976, 1978, 1979a,b).

Tabelle 1:

Übersicht der verschiedenen Zonierungsvorschläge (begrenzt auf die betrachteten Höhenstufen)

BOTANISCH	GEOMORPHOLOGISCH				
ELLENBERG (1977) OZENDA (1988)	BÜDEL (1977/1981)	HAGEDORN & POSER (1974)	WILHELMY (1975)	HÖVERMANN (1983/85)	Einteilung in dieser Arbeit
NIVAL	Gletscherzone	Glaziäre Prozesse (g)	Gletscherzone	Glaziallandschaften	Glaziale Höhenstufe
— Klim. Schneegrenze —					
Subnival Hochalpin	subpolare Zone exessiver Tal- bildung	Frostdynamische Prozesse, intensive Abspülung und fluviale Prozesse einschl. Thermoerosion ($f_2s_2d_2$)	Polare Frostschuttzone	Nivale Tälerlandschaften	Nivale Höhenstufe
— Mattengrenze —					
ALPIN			Subpolare Tundrenzone	Periglaziale Tälerlandschaften	Periglaziale Höhenstufe
— Waldgrenze —					
MONTAN KOLLIN	Ektropische Zone retardierter Tal- bildung	Mäßige fluviale Prozesse (f_1s_2)	Feucht-gemäßigte Waldklimate	Auentälerlandschaften	Gemäßigt-humide Höhenstufe
Supramediterran MEDITERRAN	Subtropische Zone gemischter Relief- bildung	Intensive Hangspülung und periodisch starke fluviale Prozesse ($f_2s_2d_1$)	Außertropisch wechsel- feuchte Klimate feuchte Subtropen	Torrententäler- landschaften	Mediterrane Höhenstufe

tral-peripherer bzw. kontinental-ozeanischer Lage, besser erfassen und abschätzen zu können. Die Lage aller Untersuchungsgebiete ist der Abbildung 1 zu entnehmen.

Aus diesem Grund gehören die Untersuchungsgebiete der Ost- als auch der Westalpen den zentralen, kristallinen Gesteinsbereichen an. Zwischen den einzelnen kristallinen Gesteinen selbst bestehen zwar Unterschiede bezüglich der Resistenz und folglich der morphologischen Wertigkeit, doch diese sind im Vergleich zu den Kalkalpen, wo Verkarstungsprozesse starken Einfluß auf die Formung nehmen, nicht so gravierend.

Ein weiteres wichtiges Auswahlkriterium stellte eine rezente Vergletscherung der betreffenden Gebirgsgruppen dar, um zum einen sämtliche aktualmorphologischen Höhenstufen zu erfassen, zum anderen die Abgrenzung einer nivalen Höhenstufe nach oben hin zu ermöglichen. Ausgehend von den Ostalpen, die aufgrund des günstigeren Reliefangebotes die besseren Bedingungen zur Ausbildung periglazialer und nivaler Formen bieten, wurde ein West-Ostprofil im Bereich der zentralen Ostalpen (Glockner- und Ankogel-Gruppen in den Hohen Tauern) und ein West-Ostprofil im Bereich der französischen Westalpen (Pelvoux-Massiv und Queyras/Cottische Alpen) gelegt und analysiert. Mit der Auswahl dieser Gebirgsgruppen wurden die östlichsten Gebiete sowie die westlichsten – zugleich südlichsten – Gebiete der Alpen mit bedeutender rezenter Vergletscherung erfaßt. Diese Hauptuntersuchungsgebiete sowie die Lage von Klima- und Niederschlagsstationen sind aus den Abbildungen 2 und 3 ersichtlich.

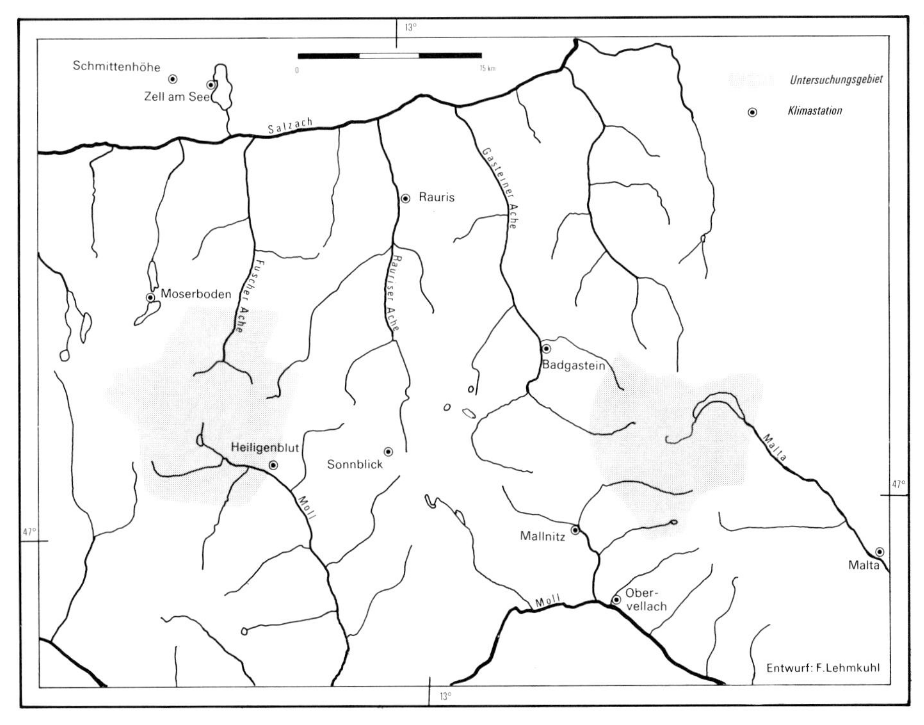

Abb. 2:
Klimastationen und Lage der Untersuchungsgebiete in den Hohen Tauern (Ostalpen).

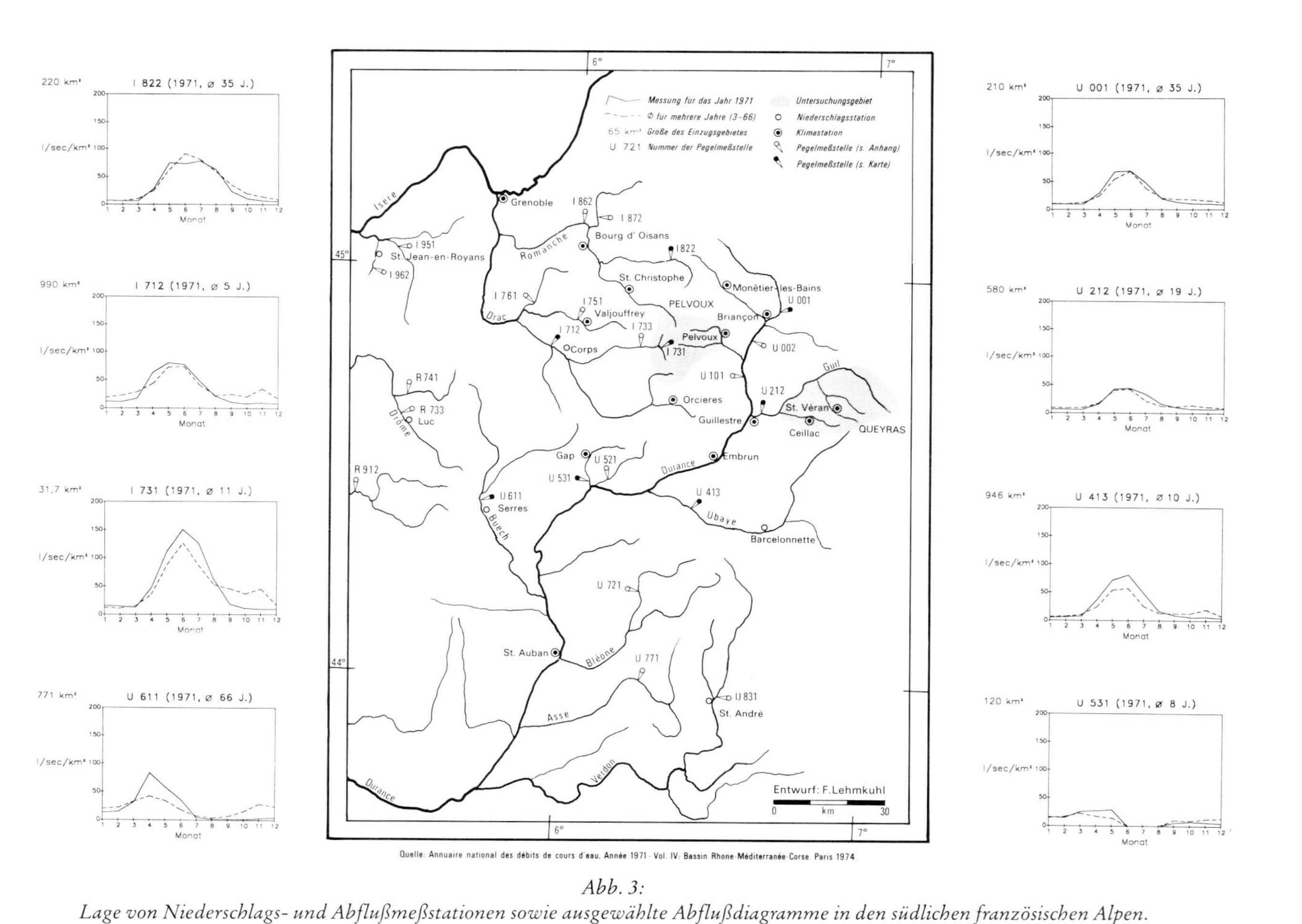

Abb. 3:

Lage von Niederschlags- und Abflußmeßstationen sowie ausgewählte Abflußdiagramme in den südlichen französischen Alpen.

Bei den Abflußdiagrammen ist oben links die Größe des Einzugsgebietes in km² angegeben. Die durchgezogene Linie stellt die Abflußganglinie des Jahres 1971 und die gerissene Linie den langjährigen mittleren monatlichen Abfluß (6–66 Jahre, über dem Diagramm angegeben) dar.

Weitere Abflußdiagramme sowie die Niederschlagsdiagramme sind im Anhang zu finden.

Im Sommer 1986 und 1987 wurden zusätzlich exemplarisch einzelne Gebiete der Schweizer Alpen begangen, die die Untersuchungen in Hinsicht auf die Existenz einer nivalen Höhenstufe im wesentlichen bestätigen und ergänzen.

Es wurden Feldkarten im Maßstab 1 : 25.000 angelegt, als Beispiele aus den Ostalpen sollen die Beilagen 5 und 6 dienen. Die Nivationsformen wurden bezüglich Größe, Hangneigung, Schneemächtigkeit, Höhenlage, Exposition und Verbreitung, Geologie, Vegetation etc. gesondert untersucht (Näheres hierzu in Kapitel III. D.). Die Höhenstufen der Formung der vier Hauptuntersuchungsgebiete sind in den Beilagen 1 bis 4 im Maßstab 1 : 100.000 dargestellt.

Aufgrund der großräumigen Betrachtung war eine gewisse Extensivität der Beobachtungen nicht zu vermeiden, und Untersuchungen in einem Gebiet über die gesamte Ablationsperiode waren nicht möglich. Die Hauptuntersuchungsgebiete wurden allerdings sowohl im Frühsommer als auch im Spätsommer begangen. Die Kenntnis des großen Raumes bringt jedoch zum einen den Vorteil, daß in diesem Fall von einem Beobachter einheitliche Maßstäbe bei der Beurteilung angelegt wurden und so zum anderen mögliche lokale Einflüsse auf die Formung leichter erkannt und ausgeschlossen werden konnten.

II. Höhenstufen der Formung

A. Allgemeines zur Höhenstufung in den Alpen

Eine genaue Abgrenzung der verschiedenen Höhenstufen wird dadurch erschwert, daß es im Hochgebirge, verstärkt durch die große Reliefenergie, keine linearen Grenzen zwischen den jeweiligen Formungsregionen gibt. Diese sind, ebenso wie die Vegetationshöhenstufung (s.u.), stark vom Klima, der Exposition sowie vom Gestein und dem Relief beeinflußt. Außerdem können im Hochgebirge Formungsprozesse aus höheren Stufen in tiefere hinabreichen (allochthone Formungsprozesse). Dies gilt im besonderen Maße für Muren, Lawinen und (Frost-) Schutthalden und -kegel. Auch die lineare Erosion, die von Schneeflecken und/oder Gletschern ausgeht, kann sich durch die periglaziale Stufe, quasi als Fremdlingsform, hindurchziehen.

Die im folgenden für die jeweilige Höhenstufe dargelegten charakteristischen Formen und Formungsprozesse können auch ineinander übergehen und bilden dann mehr oder weniger große Randzonen (nach WILHELMY 1981, IV, S. 150) oder Grenzsäume (nach BÜDEL 1981, S. 33), in denen weder die eine noch die andere Formung dominiert.

Weiterhin gibt es Formen und Formungsprozesse, die in mehreren Höhenstufen zu finden sind und sich daher keiner bestimmten Stufe zuordnen lassen (siehe hierzu Kapitel II.B.6.). Hier sind in erster Linie Rutschungen anzuführen, die sich zumeist an Schwächezonen, vorwiegend in morphologisch weicheren Gesteinen z.B. Phyllite oder Schiefer, anlehnen und mit Einschränkungen Muren, die auch in der Waldstufe vorkommen können, sowie Lawinen, deren Ursprung häufig an waldfreie Gebiete gebunden ist[6]. Die auslösenden Fakto-

[6] Es werden in neuerer Zeit sogenannte Waldlawinen beobachtet, die besonders in stark aufgelichteten Wäldern entstehen (vgl. hierzu LAATSCH 1974, 1977; ZENKE 1985 sowie den Winterbericht des Amtlichen Lawinendienstes des Bundeslandes Salzburg 1987/88, S. 10).

ren für diese Prozesse sind häufig extreme Wetterlagen: für Muren und Rutschungen sommerliche Starkregen aber auch langanhaltende Niederschläge; für Lawinen z.B. starke Neuschneefälle. Eine besonders große Lawinengefahr ist dann gegeben, wenn Neuschnee auf bereits hartgefrorenen Untergrund fällt. Das Vorhandensein dieser Prozesse beschränkt sich allerdings auf humide Klimate.

Die Höhenstufung der **Vegetation** liefert gute klimatische Hinweise, zumal Klimastationen oft nicht in genügender Zahl und zumeist in Tallagen vorhanden sind[7]. Allgemeine regionale wie auch lokale Klimafaktoren sowie Untergrund (Substrat), Relief, Wasserhaushalt, Klima- und Vegetationsgeschichte sind für bestimmte Vegetationsstandorte entscheidend. Deutliche Unterschiede können auch durch anthropogene Beeinflussung, z.B. durch Weidewirtschaft, bewirkt werden. Die Pflanzendecke nimmt aktiv oder passiv Einfluß auf Verwitterungs- und Abtragungsvorgänge und dadurch auf die Formenbildung, indem sie einen Schutz vor Abspülung und Deflation bietet sowie durch Bodenbildungsprozesse auf den Untergrund einwirken kann. Die Wald- und Rasengrenzen sind zugleich wichtige morphologische Grenzen.

Morphologische Vorgänge wie Gletschervorstöße, Lawinen, Muren, Rutschungen sowie aktiver Steinschlag und -sturz greifen wiederum in das Vegetationsgefüge ein, indem sie ein Wiederbewachsen erschweren oder sogar unmöglich machen (vgl. HÖLLERMANN 1967, S. 27). So schlitzen beispielsweise Lawinenbahnen den Wald von oben her auf, und es sind hier diesen speziellen Verhältnissen angepaßte Vegetationsstandorte zu finden.

Im **postglazialen Klimaoptimum** lagen die Grenzen der Höhenstufen höchstwahrscheinlich höher als heute. So wird für die Waldgrenze in den Alpen eine um 200–400m höhere Position angenommen (vgl. GAMS 1936, BÖHM 1969 und WEGMÜLLER 1977). BORTENSCHLAGER (1972) erbringt durch Pollenanalyse den Nachweis, daß seit 9200 Jahren die Ostalpen bis in 2300m Höhe bewaldet sind und seitdem auch die Gletscher zu keiner Zeit wesentlich größer als der letzte, gut sichtbare Höchststand von 1850 waren. In diesem Zeitraum gab es zwar keine großen Klimaschwankungen, kleinräumig verändern aber selbst kleinere Klimaschwankungen in der Regel die Lage der Höhenstufen. Am auffälligsten ist dies natürlich am Vorrücken der Gletscher in kühleren Phasen zu erkennen (in jüngster Vergangenheit: Vorstöße 1850/1890, 1920 und in den 70er Jahren[8]). Botaniker können in der alpinen Stufe das Ansteigen bestimmter Florenelemente feststellen, z.B. ein Aufsteigen von phanerogenen Pflanzengesellschaften seit dem Temperaturanstieg 1890. Aber auch die Abkühlung der Jahresmitteltemperatur um 0,7 °C seit 1960 äußert sich wahrscheinlich nicht nur durch einen Gletschervorstoß, sondern drückt auch die Grenze des Rasenschälens (Bereich der gehemmten Solifluktion) um 100-150 m herunter (nach KUHLE 1984, S. 5).

Besonders für die verschiedenen Vegetationsgesellschaften, aber auch für Gletscher und Nivationsformen, können durch **Expositionsunterschiede** die Grenzen der Höhenstufe um bis zu 200m schwanken. Auch unterschiedliche **Gesteinsverhältnisse** können Formungsprozesse begünstigen oder hemmen und Einfluß auf die Unter- bzw. Obergrenze der jeweiligen Höhenstufe nehmen.

---

[7] Außerdem ist die Niederschlagsmessung im Hochgebirge oft schwierig und insbesondere bei Totalisatorenmessungen sind Fehler unvermeidbar (siehe Kapitel II.B.3.).

[8] Zu den Gletscherschwankungen seit dem Spätglazial u.a. HEUBERGER (1968), PATZELT (1972), MAISCH (1982, 1988); zur Vegetationsgeschichte der Alpen: WEGMÜLLER (1977), COUTEAUX (1982, 1983), ZOLLER (1987).

Die Abhängigkeit der aktuellen Formung vom **Relief** zeigt sich besonders deutlich bei einem Vergleich zwischen Ost- und Westalpen, wobei Vorzeitformen, die das Relief in gewisser Weise vorgeben, eine entscheidende Rolle spielen können. Neben den besonders in den Ostalpen ausgedehnten Altflächenresten sind dies glaziale Vorzeitformen wie Tröge, Kare (und Kartreppen), Rundhöcker und Moränen, die am weitesten verbreitet sind. Im Spät- und Postglazial fand die Verschüttung der Talböden sowie örtlich ein Ausgleich des steilen glazialen Reliefs durch Berg- und Felsstürze statt[9]. Der Rückzug der Alpengletscher läßt sich an einigen Stellen durch verschiedene Moränenstände erkennen und gliedern. Auch Kartreppen, wiederum besonders in den Ostalpen verbreitet, zeigen eine unterschiedliche Höhenlage der glazialen Formung, obgleich es häufig schwierig ist, ein bestimmtes Kar einem genauen Stadium zuzuordnen.

B. Die einzelnen Höhenstufen

Es soll im folgenden näher auf die einzelnen Höhenstufen eingegangen werden. Nach einer Einordnung der betreffenden Höhenstufe zu den Zonierungsvorschlägen verschiedener Autoren (s. Tab. 1) und einer Charakterisierung mit Hilfe der Formen und Prozesse werden die klimatischen Bedingungen und die für diese Höhenstufe typischen Vegetationsgesellschaften abgehandelt. Im Anschluß daran werden der Einfluß der Geologie und des Reliefs auf die Formung sowie die Ausdehnung der Höhenstufe und lokale Besonderheiten in Ost- und Westalpen dargelegt.

1. Mediterrane Höhenstufe

Die unterste morphologische Höhenstufe in den Alpen ist eine Höhenstufe mit mediterraner Formung.

Es handelt sich um die subtropische Zone gemischter Reliefbildung (etesischer Bereich) nach BÜDEL (zuletzt 1981) bzw. Zone der außertropischen, wechselfeuchten Klimate (mediterraner Winterregengebiete) nach WILHELMY (1975/81). Charakteristisch für diese Region ist – neben intensiver Prozesse der Hangspülung – die Formung durch Torrenten, weshalb HÖVERMANN (1983) den Begriff Torrententälerlandschaft verwendet. HAGEDORN & POSER (1974, S. 430) bezeichnen sie als Zone mit intensiver Hangspülung und periodisch starken fluvialen Prozessen ($f_2s_2d_1$).

Diese Höhenstufe ist nur in den südlichen und tiefer gelegenen Teilen der Alpen, dem Alpeninnenbogen und dem südlichen Teil der französischen Alpen, ausgebildet. Hier überwiegt die mediterrane Formung, die sich durch Torrenten mit periodischem, winterlichem Abfluß und durch intensive Prozesse der Hangspülung sowie Rutschungen (Frane), was eine Herausarbeitung der Gesteinsunterschiede zur Folge hat, auszeichnet. Diese Prozesse stehen im direkten Zusammenhang mit der Häufigkeit und Intensität von Starkregen, wobei die lückenhafte Vegetation diese Prozesse fördert (vgl. HAGEDORN & POSER 1974, S. 431). So kommt es in Tonen und Mergeln zu einer Zerrunsung des Reliefs (bis zur Badlandbildung)

---

[9] Hierzu hauptsächlich ABELE (1969, 1972, 1974, 1984), BUNZA (1976).

Abb. 4:
Torrente le Béoux oberhalb Montmaur (Dévoluy), NW-lich Gap. Beispiel eines mediterranen Torrententales in 1040m. – Aufnahme am 14.9.1987.
Fig. 4:
Torrente le Béoux en amont de Montmaur (Dévoluy) NW de Gap. De l'exemple d'une vallée torrentielle de la méditerranée, altitude 1040m.

und in moränischem Material entstehen Erdpyramiden. Als Beispiel für eine intensive Hangzerrunsung können weite Teile des Ufers des Lac de Serre Ponçon in ca. 600–700m gelten, wo in morphologisch weichen Schwarzschiefern (schistes noirs) die Prozesse intensiver Hangzerschneidung besonders ausgeprägt sind[10]. Als weiteres Beispiel kann das Gebiet zwischen Gap und Sisteron angeführt werden (vgl. BRIEM 1988). Die kleineren Zuflüsse sind ausgeprägte Torrenten (s. Abb. 4), die im Sommer zumeist keinen Abfluß haben.

Erdpyramiden sind im Bereich der würmzeitlichen Endmoränen im Becken von Gap sowie nördlich von St. Véran (Queyras) zu finden. Trockenperioden, die sich allerdings nicht durch Indizes fassen lassen, sind neben Material, Lage an steilen Hängen unter Bevorzugung der SW-Exposition und tiefliegender lokaler Erosionsbasis für die Entstehung von Erdpyramiden entscheidend (nach BECKER 1962, S. 118ff). Zusätzlich können anthropogene Eingriffe (z.B. Rodungen) die Entstehung von Erdpyramiden begünstigen (BECKER 1963, S.192).

Die Randzone (nach WILHELMY 1981, IV, S. 150), mit Formungsdominanz der in dem einen oder anderen Nachbargebiet vorherrschenden Prägekräfte, ist in diesem Teil der fran-

---

[10] Zur Geologie der Alpen allgemein: RICHTER (1974), GWINNER (1978); der Westalpen: DEBELMAS et al (1982) sowie die dort zitierte Literatur.

zösischen Alpen besonders ausgedehnt. Eine genaue Abgrenzung zwischen gemäßigt-humid und mediterran ist daher und aufgrund des alpinen Reliefs außerordentlich schwierig[11].

Die französischen Untersuchungsgebiete liegen im Übergangsbereich vom ozeanisch geprägten **Klima** der nördlichen (mittleren) französischen Alpen zum schon mediterran geprägten Klima der südlichen französischen Alpen sowie zum subkontinentalen-inneralpinen Klima. Eine gewisse Sonderstellung nimmt dabei das obere Durancetal ein, bei dem es sich um ein inneralpines Trockental im vegetationsgeographischen Sinne handelt, in dem mediterrane Klima- und auch Florenelemente (s.u.) weit nach Norden vordringen.

Die Abgrenzung der mediterranen zur gemäßigt-humiden Formungsregion in den südlichen französischen Alpen wird im folgenden anhand der Klima- und Abflußverhältnisse vorgenommen. Die Lage der französischen Untersuchungsgebiete und Klimastationen sowie die für diese Region typischen Abflußverhältnisse sind in Abbildung 3 dargestellt.

Die ozeanisch geprägten westlichen Gebiete des Pelvoux-Massivs (mit gemäßigt-humider Höhenstufe bis in die Tallagen) lassen sich gut an den Klimastationen von Grenoble, Bourg d'Oisans, Valjouffrey, St. Christophe und Orcières (siehe Klimadiagramme 21–40 im Anhang) mit relativ ausgeglichenem Niederschlagsgang, neben dem für alle Stationen der französischen Untersuchungsgebiete typischen Juli-Minimum, aufzeigen; wobei bei den drei letztgenannten Stationen schon eine gewisse Zunahme der Niederschläge durch ihre Höhenlage im Luv der hohen Gebirge festzustellen ist. In den südlichen Bereichen des Pelvoux äußert sich der mediterrane Charakter durch ein Ansteigen der Niederschläge im Herbst, insbesonders im November, bei insgesamt geringeren Jahresniederschlägen. Die Station St. Auban sowie die Stationen im Durancetal haben nach der Darstellung in Klimadiagrammen vom Typ WALTER & LIETH schon einen ariden Monat zu verzeichnen (Juli) bzw. sind durch Jahresniederschläge von maximal 766mm für diese Höhenlagen relativ trokken. Die Stationen Gap, Luc und Serres liegen wiederum im Übergangsbereich zum feuchteren subozeanischen Klima. Die Nordostseite des Pelvoux mit den Klimastationen Pelvoux und Monêtier hat einen inneralpinen, subkontinentalen Klimacharakter, während die Stationen im Gebiet des Queyras (Ceillac und St. Véran, aber auch die südlicheren Stationen von Barcelonnette und St. André) subkontinentale bis submediterrane Züge aufweisen. Dies äußert sich in erster Linie in einem Frühjahrs- und Herbstmaximum sowie Minimum der Erstgenannten sowie einem ausgesprochenen Herbstmaximum der Letztgenannten[12].

Die Niederschläge fallen dabei, besonders in den Sommermonaten, häufig als Starkregen und sind somit morphologisch außerordentlich wirksam (intensive Hangzerrunsung bis zur Badland-Bildung, siehe u.a. BRIEM 1988).

Die unterschiedlichen Klimaregionen zeigen sich ebenfalls im Abflußgang der Flüsse. Hierbei läßt sich ein alpiner Abflußtyp deutlich von einem mediterranen abgrenzen (siehe hierzu Abb. 3 sowie die Abflußdiagramme im Anhang[13]). Als alpine Abflußtypen mit einem deutlichen Maximum im Frühsommer (Mai–Juli) sind die Einzugsgebiete der Romanche so-

---

[11] Zur Problematik der mediterranen und humiden Höhenstufen im Mittelmeergebiet, sowohl rezent als auch vorzeitlich, siehe u.a. HEMPEL (1966, 1970).

[12] Zum Klima der Alpen allgemein: REICHEL (1957), KUBAT (1972), FLIRI (1974, 1975); zum Klima der Westalpen: BENEVENT (1926), ASCENCIO (1980).

[13] Dabei wurde versucht, möglichst kleine Einzugsgebiete mit charakteristischen Abflußganglinien zu wählen. Da keine weiteren Meßstationen, als in der Karte eingezeichnet sind, zur Verfügung standen, mußten z.T. größere Einzugsgebiete als wünschenswert berücksichtigt werden.

wie der oberen Durance (etwa oberhalb Embrun) zu zählen. Daran schließt sich eine Übergangszone an, die etwa von NW nach SE verläuft und die die Einzugsgebiete der Drac im W sowie der Ubaye im SE umfaßt. Die Pegelmeßstationen in diesen Gebieten zeigen ebenfalls ein Maximum im Frühsommer (Mai–Juli), weisen aber schon ein sekundäres, geringeres Maximum im November auf. In diesen Stationen überlagert sich der alpine Abflußtyp, mit sommerlichem Maximum des Abflußes, mit dem mediterranen Abflußtyp, dessen Abflußspitzen im Herbst (meist November) und im Frühjahr liegen. Dabei dominiert jedoch noch der sommerliche Abfluß. Der mediterrane Abflußtyp schließt sich an diesen Übergangsbereich südlich und westlich an. Diese Stationen zeigen ein Maximum im Frühling (März–April, bei höher reichenden Einzugsgebieten sogar noch im Mai) sowie ein zweites, geringeres Maximum im Herbst (November) bei einem sehr ausgeprägten sommerlichen Minimum. Dies ist zurückzuführen auf die mediterrane Niederschlagsgenese mit zyklonalen Winterregen in diesen Gebieten, und so wird durch die Abflußganglinien der Torrentencharakter der Flüsse deutlich.

Es ist zu berücksichtigen, daß der Abfluß stark von der Schneeschmelze bzw. der sommerlichen Gletscherspende gesteuert wird (nivo-pluviales Abflußregime). Dieser alpine Einfluß reicht, auch bedingt durch die höheren Einzugsgebiete, häufig bis in tiefere Regionen hinab, und dies zeigt sich dann z.B. durch komplexe Abflußregime.

Neben einer morphologischen Höhenstufung läßt sich ebenfalls eine **Vegetationshöhenstufung** erkennen. Es handelt sich hier aber nicht um eigentliche typische (Thermo-) mediterrane Florenelemente nach OZENDA (1988), diese schließen sich weiter südlich in einem Klima mit einer ausgeprägteren sommerlichen Trockenzeit an, sondern um eine submediterrane Höhenstufe mit einer sommerlichen Niederschlagsdepression.

In der Vegetationsabfolge wird diese als supramediterrane[14] *Quercus pubescens*-Serie (OZENDA 1988, S. 136ff) bezeichnet. Das Klimaxstadium bildet einen Flaumeichen-Föhrenwald, wobei die Föhren die schattseitigen und höheren Lagen bevorzugen. Diese Vegetationsserie reicht nach OZENDA an der S-Abdachung des Pelvoux sowie im Durance-Tal (südlich 45° N) bis ca. 1000m, und es wird noch eine inneralpine *Quercus pubescens*-Serie (OZENDA, S. 147ff), die im Durancetal weit nach Norden ausgreift, allerdings ab Embrun an mediterranen Florenelementen verarmt ist, ausgeschieden. In der anschließenden submontanen Stufe (bis ca. 1250m) setzt sich dann verstärkt *Pinus silvestris* durch.

Aus den oben dargelegten morphologischen, floristischen und klimatischen Gründen, insbesonders mit Hilfe einer Abgrenzung von mediterranen und alpinen Abflußregimen, läßt sich eine Höhenstufe mit mediterraner Formungsdominanz für das Gebiet südlich an die beiden Untersuchungsgebiete Pelvoux und Queyras anschließend, nachweisen. Der Grenzsaum dieser Formungsregion verläuft in ca. 600 bis 1000m Höhe und zwar in den Einzugsgebieten der Drôme und der Durance sowie den Quellästen der Drac südlich von Corps. Im Durancetal und im Bereich des Queyras könnte die Untergrenze jedoch etwas höher liegen (1300m?). Nördlich und oberhalb schließt sich die gemäßigt-humide (montane) Höhenstufe an, auf die anschließend näher eingegegangen wird.

---

[14] Supramediterran wird von OZENDA anstatt submediterran vorgeschlagen, um deutlich zu machen, daß es sich um eine Höhenstufe über den eigentlichen (thermo-)mediterranen Pflanzengesellschaften handelt.

2. Gemäßigt-humide Höhenstufe

Die unterste aktualgeomorphologische Stufe im gesamten Alpenraum, mit Ausnahme der südlichen französisch-italienischen Westalpen (s.o.) und dem südlichen Alpenrand, ist die gemäßigt-humide (Wald-) Stufe mit gemäßigtem Klima. Es handelt sich um die ektropische Zone retardierter Talbildung nach BÜDEL (1981) bzw. die Zone der feucht-gemäßigten Waldklimate WILHELMYS (1975/81) sowie die Auentälerlandschaft nach HÖVERMANN (1983). Von HAGEDORN & POSER (1974, S. 431) wird diese Landschaftszone als Zone VI mit mäßig fluvialen Prozessen und schwachen sonstigen Prozessen (f_1s_2) bezeichnet.

Die **Formung** in dieser Region ist sehr schwach, lediglich die Talböden (Auen) erfahren eine gewisse Weiterbildung. Daher sind die meisten Formen Vorzeitformen (nach BÜDEL 95%, 1981, S. 92), zusätzlich spielen anthropogen bedingte Formen eine große Rolle. Im Alpenraum überwiegt hier die lineare Erosion, und man kann diese humide Höhenstufe anhand der Kerbtäler diagnostizieren. Diese sind in der anschließenden periglazialen Höhenstufe nicht vorhanden, hier bilden sich in der Regel anastomosierende Gerinnenetze bei entsprechenden Reliefverhältnissen aus. Eine genaue Abgrenzung kann allerdings dadurch erschwert werden, daß lineare Erosionsrunsen, quasi als Fremdlingsformen von der glazialen oder nivalen Höhenstufe ausgehend, die periglaziale Region durchstoßen können.

Durch meist geschlossene Waldvegetation der montanen und subalpinen Stufe findet an den Hängen nur geringe Erosion in Form von Versatzdenudation und Oberflächenabspülung statt (vgl. LOUIS & FISCHER, 1979, S. 278). Bei steilen Hängen können gravitative Prozesse, zumeist aus der darüberliegenden periglazialen Höhenstufe, bis in den Talgrund vorkommen. Dies ist oft an den steilen Hängen der vorzeitlichen glazialen Trogtäler der Fall; z.B. das Seebachtal (Ankogel-Gruppe, vgl. Abb. 5 und 30) oberhalb von 1200m oder das Tal der Vénéon oberhalb von La Bérarde im Pelvoux-Massiv. Bei entsprechenden Gesteinsverhältnissen können Rutschungen (die in der mediterranen Höhenstufe ihre größte Verbreitung haben) und Uferanbrüche vorkommen. Muren und Lawinen stammen zwar dominierend aus den höheren periglazialen und nivalen Stockwerken, können aber auch in der humiden Höhenstufe ansetzen.

Stark wirksam hingegen ist aufgrund der Reliefenergie in den Alpen die lineare Erosion, die sich in Form von Hangfurchen, Rinnen und Kerbtälern äußert (siehe Abb. 5 bis 7), in ihnen kann auch grober Schutt abgeführt werden. Es ist aufgrund des jungen Reliefs kein ausgeglichenes Gefälle vorhanden. Bei nachlassender Erosion durch Verringerung des Gefälles läßt die Transportkraft nach, und die Seitenerosion wird stärker. Die Flüsse schottern auf und verwildern. Die Haupttäler, die vorwiegend im Spät- und Postglazial stark aufgeschüttet worden sind, haben zumeist Hochwasserbetten. Aus diesem Grund ist die Besiedlung oft auf den trockeneren Schwemmkegeln zu finden. In den steileren Gefällsstrecken geht die Tiefenerosion schneller voran als die Seitenerosion und die Denudation der Hänge. Es kommt in Extremfällen zur Schlucht- und Klammbildung.

Die Seitenbäche haben Kerbtäler, die in der Regel etwas unterhalb der Waldgrenze ansetzen, und diese lineare Erosion reicht bei den größeren Bächen am höchsten hinauf. Zum Haupttal bilden sich Schwemmkegel aus, bei denen es sich um spät- und postglaziale Ablagerungen handelt, wobei sich verschiedene Generationen überlagern können, die meist rezent zerschnitten werden. Sie können den Hauptfluß abdrängen und bei größerer Materialzufuhr sogar aufstauen, was bis zur Moorbildung gehen kann. Als Beispiel für eine solche Moorbildung durch einen großen Schwemmfächer, in diesem Fall glazifluviatilen Ursprungs, kann man das obere Fuschertal in der Glockner-Gruppe anführen.

Abb. 5:

Seebachtal (Ankogel-Gruppe; s. Beilage 2 u. 6), Aufnahme vom 3086m hohen Säuleck. Hier zeigt sich gut die hypsometrische Abfolge im Hochgebirge: Im untersten Stockwerk, im Bereich der vorzeitlichen glazialen Trogwände, reicht die lineare Erosion bis zur Waldgrenze in ca. 2000m hinauf, und der Talgrund ist durch Mur- und Schuttkegel verschüttet. In einem darüber liegenden Stockwerk der alpinen Matten dominiert die periglaziale Formung in einem Sanftrelief. Es schließen sich schroffere Felsformen mit vegetationsfreien Schutthalden sowie Karen und Glatthängen als höchstes Stockwerk an. Dabei können Runsen aus der nivalen Höhenstufe durch die periglaziale Höhenstufe hindurchlaufen und so Anschluß an die Kerben der gemäßigt-humiden Höhenstufe haben. Die nivale Formung ist zu diesem Zeitpunkt am Ende der Ablationsperiode nicht mehr unmittelbar durch Schnee erkennbar. In der Bildmitte der Ankogel (3250m), links in Verlängerung des Seebachtales die Gipfel der Glockner-Gruppe sowie die Maresenspitze (x, 2915m) mit einem durch (Nivations-) Runsen zerschnittenen Glatthang. – Aufnahme am 23.9.86.

Fig. 5:

Seebachtal (Ankogel-Gruppe). On peut connaître la séquence morphogénique dans les hautes montagnes. Dans l'etage le plus inférieur dans la région des parois d'auge glacials reliques, l'érosion linéaire se trouve jusqu'à environ 2000m (limite forestière). Le plafond a été rempli par des cônes torrentiels et des cônes d'éboulis. Dans l'étage suivant des formes périglaciales sont dominantes. Il suit des formes rocheuses raides avec des talus d'éboulis sans végétation ainsi que des cirques et des pentes reglées comme l'étage le plus haut. Des sillons de l'étage nival peuvent traverser l'étage périglacial et, en conséquence, se joindre à des entailles de l'étage modéré-humid. Au fin de la période d'ablation la nivation n'est plus reconnaissable. Au centre, Ankogel (3250m), à gauche le sommet de la groupe de Glockner ainsi que Maresenspitze (x 2915m).

Abb. 6:
Oberes Fuschertal (Glockner-Gruppe; s. Beilage 1 u. 5), orographisch linke Talflanke (Sonnseitbratschen = Glatthang) im Kalkphyllit des Hohen Tenn (am rechten Bildrand) mit glazialer Unterschneidung. In der Bildmitte subrezente, bewachsene Nivationsformen mit anschließenden Rinnen, darüber schroffere Felsformen. Das Aufschlitzen der Waldgrenze durch Lawinenbahnen ist gut zu erkennen. Im Vordergrund rechts eine Anbruchfläche mit anschließenden Murgängen, die weit in die Waldstufe hineingreifen. – Aufnahme am 14.9.1984.

Fig. 6:
Oberes Fuschertal (Glockner-Gruppe), le versant gauche orographiquement (Sonnseitbratschen = la pente reglée), Hoher Tenn avec de l'érosion glaciale. Au centre, des formes de nivation avec de la végétation. Il suit des rigoles plus haut, des formes rocheuses raides. On voit bien l'ouverture de la limite forestière par des avalanches.

Von den Schwemmkegeln, die fast immer ein Gefälle von unter 4° aufweisen (daher auch besser Schwemmfächer) und ein relativ großes Einzugsgebiet haben, lassen sich (nach FISCHER 1965) noch Murkegel mit Gefälle zwischen 8° und 12° sowie Sturzkegel, die aus Schutt aufgebaut werden, unterscheiden[15]. Es treten auch polygenetische Formen auf, wobei Lawinen und gravitative Prozesse (Steinschlag) noch zusätzlichen Schutt liefern können.

Das **Klima** dieser Höhenstufe ist im allgemeinen ein gemäßigt-humides Klima, wobei die Täler abhängig von ihrer Lage in den Alpen stark unterschiedlich kontinental sein können. Es ist möglich, Randalpen, Zwischenalpen und innere Alpen aufgrund ihres unterschiedlichen Kontinentalitätsgrades (z.B. nach GAMS 1931 u. 1932), der sich auch durch verschiedene Waldgesellschaften äußert, zu unterscheiden. Mit zunehmender Höhe wird das Klima ausgeglichener, d.h. erhält ozeanische Charakterzüge mit geringerer Jahresamplitude der Temperatur und höheren Niederschlägen[16].

---

[15] Der Schutt stammt aus der periglazialen Stufe (zumeist Frostschutt).

[16] Klimadiagramme der gemäßigt-humiden Höhenstufe sind im Anhang zu finden. Für die Hohen Tauern: Nr. 1 bis 3 und 7 bis 12, für die Schweiz: 14 bis 19 und für die französischen Untersuchungsgebiete: 21 bis 25.
Zum Klima der Ostalpen: TOLLNER (1969), WAKONIGG (1973), ZAUCHNER (1975), STEINHAUSER (1976), WEISS (1976, 1977), FLIRI (1974, 1975, 1980, 1984).

Abb. 7:
Orographisch linke Talflanke der Séveraisse (Pelvoux; s. Beilage 3) aus 1740m. Links das Haupttal als vorzeitliches glaziales Trogtal mit Trogschultern vorwiegend in Graniten, im Talboden Schutthalden sowie ein Murkegel. In der gegenüberliegenden Talflanke ist eine intensivere rezente und subrezente Zerschneidung bis knapp über die Waldgrenze zu beobachten; es handelt sich hierbei um morphologisch weichere kristalline Schiefer, die in einer Sedimentmulde innerhalb des Granitdomes erhalten sind. – Aufnahme: 3.8.1987.

Fig. 7:
Séveraisse (Pelvoux). A gauche la vallée principale comme une vallée d'auge glaciale reliques. A droite une incision intensive de la pente dans des schistes cristallins.

Zu dieser morphologischen Höhenstufe zählen aus **vegetationskundlicher** Sicht die montane und subalpine Stufe. Die Obergrenze der montanen Stufe entspricht der Buchengrenze, und die subalpine Stufe reicht bis zur potentiellen Obergrenze des Waldes, der Waldgrenze, die durch geschlossene Baumbestände gebildet wird. Im Unterschied dazu wird die Baumgrenze durch die obersten, freistehenden Bäume begrenzt[17]. Die subalpine Stufe setzt sich in den feuchteren Randalpen aus Fichten, in den kontinentaleren Innenalpen aus Lärchen und Zirben bzw. in den trockeneren Gebieten sowie edaphisch trockeneren Standorten aus Lärchen und Föhren (Queyras) zusammen. Die potentielle, natürliche, obere Waldgrenze ist in etwa mit der Obergrenze dieser morphologischen Höhenstufe gleichzusetzen.

Die **Waldgrenze** liegt in der Glockner-Gruppe auf der Nordseite (Fuschertal) in 2040–2080m, auf der Südseite an nordexponierten Hängen in 2100–2120m (nach BÖHM 1969, S. 146 und eigenen Beobachtungen). Im Bereich der Ankogel-Gruppe konnten die gleichen Unterschiede festgestellt werden, nur liegt die Waldgrenze insgesamt um ca. 50m tiefer. Hier äußert sich der klimatische Unterschied zwischen der Nord- und Südseite des Tauern- bzw. Alpenhauptkammes (s.o.) durch eine auf der Südabdachung durchschnittlich um 70–90m höhere Waldgrenze. Lärchen und Arven bilden in diesem kontinentaleren Teil der Alpen die natürliche obere Waldgrenze. An feuchteren Standorten wie im niederschlagsreichen oberen Fuschertal reichen auch Fichten sehr hoch hinauf. Die subalpine Stufe zeichnet sich oft durch anthropogen bedingte Degradierung des Waldes durch Almwirtschaft und Bergmähder (diese besonders auf der Südabdachung der Hohen Tauern) aus und kann von der potentiellen Baumgrenze bis 1500m herabreichen (vgl. SCHIECHTL und STERN 1983, S. 39).

Die montane Stufe der Westalpen (ca. 1200–1800m) besteht überwiegend aus *Pinus silvestris*-Trockenwäldern, die zumeist anthropogen beeinflußt sind. In der subalpinen Stufe (ca. 1800–2300/2400m) dominiert die Bergföhre sowie zumeist auf südexponierten Hängen Lärche und Arve. Dabei unterscheiden sich die Waldgesellschaften in den oben dargelegten, unterschiedlich klimatisch beeinflußten Gebieten: an der feuchteren NW-Abdachung des Pelvoux-Gebietes reichen Fichten bis zur Waldgrenze in 2300m hinauf, während an der trokkeneren Ost- und Südseite des Pelvoux und im Queyras Lärchen bis ca. 2400m Höhe, zum Teil von Arven durchsetzt, vorherrschen.

Das **Relief** wird in den härteren **Gesteinen** z.B. den Gneisen der Ankogel-Gruppe oder den Gneisen und Graniten des Pelvoux-Massivs in dieser Höhenstufe durch die glazialen Vorzeitformen, Trogtäler mit steilen gestreckten Hängen, bestimmt. Diese glazialen Vorzeitformen sind, wie auch Kare und Moränen, am besten in diesen härteren Gesteinen konserviert, und hier sind auch die höchsten Gipfel ausgebildet. Die Trogschultern, die aufgrund der weit verbreiteten Altflächenreste in den Ostalpen deutlicher sind (in den Westalpen ist zumeist nur ein Hangknick zu beobachten), lassen sich ebenfalls gut verfolgen, in den weicheren Gesteinen sind sie häufig verwischt[18].

---

17 Wald- und Baumgrenze fallen nach ELLENBERG (1978, S. 521) unter natürlichen Bedingungen zusammen.

18 Zur Geologie der Ostalpen, speziell des Tauernfensters: CORNELIUS & CLAR (1935, 1939), ANGEL & STABER (1952), EXNER (1957, 1979a,b), FRASL (1958), FRASL & FRANK (1966), BÖGEL & SCHMIDT (1976), DEL NEGRO (1983), TOLLMANN (1980, 1986b); weitere Spezialliteratur findet sich insbesondere bei den beiden zuletzt genannten Autoren.
Zu den verschiedenen Altflächenresten in den Ostalpen siehe insbesonders: CREUTZBURG (1921),

In morphologisch weichen Gesteinen, zumeist Schiefern, prägen sanftere Hänge mit geringeren Böschungswinkeln das Landschaftsbild. Als Beispiel seien hierfür die nördlichen Tauerntäler genannt (für das Fuschertal vgl. PIPPAN 1964, SPÄTH 1969), die im Bereich der Schieferhüllen weiter werden. Dies gilt zugleich für das Pelvoux-Gebiet, wo außerhalb des zentralen Granitdoms ebenfalls weitere Täler mit sanfteren Hängen vorherrschend sind.

In diesem geomorphologischen Stockwerk reicht die Linearerosion in Form von Kerbtälern in den **Ostalpen** von den Talböden bis in etwa 2000m hinauf. Zusammen mit Schwemmkegeln und Lawinen- und/oder Murkegeln, die sich in den Talböden der zumeist trogförmigen Täler befinden, bilden sie ein unterstes morphologisches Stockwerk (vgl. die Beilagen 1 und 2). Die größeren Kegel sind dabei oft spätglazialen Alters und werden rezent durch kleinere Mur- und/oder Lawinenkegel überformt[19].

In den **Westalpen** (Pelvoux und Queyras) reicht die lineare Erosion bis ca. 2400m hinauf (vgl. die Beilagen 3 und 4). Dabei besitzt die Pelvoux-Gruppe wesentlich steilere Hänge, da hier zum einen eine höhere Aufwölbung (Granitdom, höchster Gipfel Barre des Ecrins 4101m), zum anderen eine kürzere Distanz zu einer insgesamt niedrigeren Erosionsbasis gegeben ist. Im Vergleich zu den Ostalpen fehlen hier die verschiedenen Altflächenreste. Für das Gebiet des Queyras trifft dies nicht im gleichen Maße zu, da die Gipfelhöhen niedriger und die Gesteine morphologisch weicher sind. ROLSHOVEN (1976) wies im nördlich anschließenden Briançonnais Verflachungen, die sie als Altflächenreste deutet, nach, die sich auch im Queyras finden lassen[20].

3. Periglaziale Höhenstufe

Die periglaziale Höhenstufe zeichnet sich bei entsprechenden Reliefverhältnissen (Hangneigungen unter 35°) durch sanfte, gerundete Formen, bedingt durch die typischen Periglazialerscheinungen, in erster Linie Solifluktionsformen, aus. Im Fußbereich von Steilhängen und Wänden sind rezente und subrezente Schutthalden zu beobachten. Im nächsten Kapitel wird auf die Schutthalden noch näher eingegangen.

In diesem Bereich herrschen aus klimatischen Gründen Prozesse der frostbedingten Verwitterung und Bodenabtragung vor bzw. sind formenbestimmend. Dabei überwiegt der Prozeß der (Geli-)Solifluktion, aus diesem Grund wird auch der Ausdruck Solifluktionsstufe verwendet. Der Ausdruck „subnivale Höhenstufe" findet ebenfalls Gebrauch (TROLL 1948; FURRER 1965a,b), vor allem, um eine Abgrenzung zum kaltzeitlichen periglazialen Formenschatz in Europa herzustellen. Ich möchte den Ausdruck „Periglazial" beibehalten, auch zur Abgrenzung einer Höhenstufe mit überwiegend nivaler Formung.

Die Untergrenze dieser Höhenstufe ist bei den verschiedenen Autoren unterschiedlich definiert[21] und richtet sich u.a. nach Eindeutigkeit der Formen (der Gelisolifluktion), ihrer

---

LICHTENECKER (1926), KLIMPT (1943), WINKLER-HERMADEN (1957), SPREITZER (1966), SEEFELDNER (1952, 1962, 1964, 1973), SPÄTH (1969); weitere Literatur und neuere Zusammenfassung der Diskussion s. TOLLMANN (1986a).

[19] Zur Altersstellung von Schwemmkegeln und Terrassen im Bereich von Osttirol s. VEIT (1987, 1988).

[20] Weitere Literatur zum Problem der Altfächen der Westalpen: BRAVARD (1984) sowie die bei ROLSHOVEN (1976, 1984) zitierte Literatur.

[21] u.a.: BÜDEL (1948), POSER (1954, S. 173), KLAER (1962a, S. 19), HÖLLERMANN (1964, S. 111 u. 1967, S. 32), KELLETAT (1969, S. 70) und STINGL (1969, S. 89). Eine Zusammenstellung von Definitionen dieser Autoren findet sich bei KARTE (1979, S. 103).

Ausbildung und Dichte (geschlossene Verbreitung); wobei verstreut liegende und strittige Formen ausgeklammert werden sollen (KELLETAT 1970, S. 121). In zonaler Ausbildung nach HAGEDORN & POSER (1974, S. 431) handelt es sich um die Zone frostdynamischer Prozesse, intensiver Abspülung und intensiver fluvialer Prozesse einschließlich Thermoerosion ($f_2s_2d_2$). In diesen Einteilungen wird keine nivale Stufe ausgewiesen, sie ist dem Periglazial zugeordnet.

Der Diskussion über den Begriff Periglazial (vgl. KARTE 1979) und dem Vorschlag, den Terminus Periglaziär (nach GRAHMANN 1951) für die Bezeichnung dieser (klima-) geomorphologischen Höhenstufe/Zone zu verwenden, um deutlich zu machen, daß diesem Begriff keine zeitliche Dimension zukommt, wird zugestimmt. Trotzdem soll hier der Begriff Periglazial im Zusammenhang mit den Begriffen Nival und Glazial als räumliche Einheiten benutzt werden, während im Zusammenhang mit den Prozessen von periglaziär und glaziär gesprochen werden soll. Es wird nochmals betont, daß die Verwendung dieser Begriffe keinesfalls im Sinne einer zeitstratigraphischen Einordnung verwendet werden sollte.

Der Terminus Nival soll dabei in erster Linie räumlich verstanden werden, da sich die Prozesse der Schnee-Erosion oft nicht von den periglaziären Prozessen trennen lassen. Dies zeigt sich u.a. bei der Definition des Begriffes der Nivation, z.B. nach THORN (1976, 1979a), in dem die Prozesse der Frostverwitterung und der Solifluktion enthalten sind (s.o.). Die Dominanz der Frostprozesse kann in beiden Fällen gegeben sein. Es wird vorgeschlagen, das Prozessgefüge der Nivation als nival-periglaziär zu bezeichnen und beim Fehlen periglaziärer Prozesse von Schnee-Erosion zu sprechen, da der Terminus der Nivation zu unscharf ist und alle Prozesse an Schneeflecken darunter subsummiert sind.

Zur Bestimmung der periglazialen **Untergrenze** wurde auch die Strukturbodengrenze herangezogen (erstmals durch POSER 1933, später HÖVERMANN 1962); für die Alpen erscheint mir aber die Untergrenze von Solifluktionsformen, die zudem weiter verbreitet sind, geeigneter zu sein als die der Strukturbodenerscheinungen, die außerdem noch nicht hinreichend definiert sind, da z.T. unterschiedliche Formentypen zugrunde gelegt werden (vgl. HÖLLERMANN 1972; HEINE 1977; KARTE 1979, S. 101).

Die Untergrenze dieser periglazialen Formengemeinschaft liegt in den Alpen im Bereich der Waldgrenze oder bis zu 200m höher. Oberhalb sind solifluidale Vorgänge flächenhaft erkennbar und morphologisch wirksam (nach RATHJENS 1982, S. 100)[22]. Zu den wichtigsten Leitformen werden bei allen Autoren die Solifluktionsgirlanden gezählt. Selbst wenn die Waldgrenze anthropogen herabgedrückt worden ist, können bis hier noch einzelne Formen der gebundenen Solifluktion vorkommen. Tiefer werden Frostbodenerscheinungen durch die dichte Vegetationsdecke unterdrückt. Es kann aber noch zu Bodenbewegungen, wie man anhand von Sproßdeformationen nachweisen kann, kommen.

Die Solifluktionsstufe wird in ein unteres Stockwerk mit gebundener Solifluktion im Bereich der Mattenstufe und in ein oberes Stockwerk mit ungebundener (freier) Solifluktion im Schutt, auch Frostschuttstufe genannt, eingeteilt (vgl. KARTE 1979, S. 111); zuerst nach BÜDEL (1948), der die Einteilung in eine Tundrenzone und eine Frostschuttzone vorschlug und den Grad der Vegetationsbedeckung sowie die damit verbundenen Eigenarten der

[22] Dabei liegt der Bereich der häufigsten Frostwechsel in der Waldstufe; nach FLIRI (1975, S. 164) in 1750m mit 115 Tagen (s.u.). Zur Abgrenzung und Gliederung der „subnivalen" Höhenstufe siehe auch FURRER & FITZE (1970b); FURRER & DORIGO (1972).

Abb. 8:
Gebundene und ungebundene Solifluktionsloben am W-exponierten Hang der Federtroglacke (Glockner-Gruppe; s. Beilage 1) in der periglazialen Höhenstufe in ca. 2200m. Die großen Loben haben eine Stirnhöhe von bis zu 40cm und können auch als Erdströme bezeichnet werden. – Aufnahme am 25.7.1984.
Fig. 8:
Des langues de gélifluxion liées et non liées au versant W de Federtroglacke (Glockner-Gruppe) au sein de l'étage périglacial à environ 2200m.

Morphodynamik und die unterschiedlichen Abtragungsintensitäten als Differenzierungskriterien zugrunde legte. Bevorzugt in der oberen periglazialen Frostschuttstufe kann man in Flachstellen Struktur- oder Frostmusterböden beobachten. Der Übergangsbereich ist durch die gehemmte Solifluktion gekennzeichnet. Deflation und Viehtritt können dabei Rasenschälen auslösen. Ein charakteristisches Merkmal des unteren periglazialen Stockwerks sind sanfte Formen, während das obere Stockwerk in Verbindung mit Nivationserscheinungen ein prononcierteres Relief erzeugt; darauf basiert im wesentlichen meine Ausgliederung einer nivalen Höhenstufe.

Im Bereich der Mattenvegetation kann die Solifluktion durch Viehtritt noch verstärkt werden. Zum Teil ist hierdurch die Vegetation völlig zerstört und die hangabwärts gerichtete Schuttbewegung ist sichtbar beschleunigt. Solche Anbrüche werden Blaiken genannt[23].

Zu den Solifluktionserscheinungen im weiteren Sinne gehören auch Bülten, die zumeist in flacheren Talbereichen gefunden werden (z.B. im Gebiet der Troglacke in der Glockner-Gruppe) und bei denen es sich um quasinatürliche Formen (Begriff nach MORTENSEN 1954/55), ausgelöst durch Viehtritt, handelt.

Große Solifluktionsloben, an deren Front die Vegetation eingerollt wird, werden in der Literatur auch als Erdströme bezeichnet (FISCHER 1967 u.a.). FURRER und BACH-

---

[23] Hierzu insbesondere SCHAUER (1975).

MANN (1972) sowie GAMPER (1985) haben nachgewiesen, daß sie sich bevorzugt bei Klimaverschlechterungen weiterbilden. Erdstöme konnten hauptsächlich in der Glockner-Gruppe (vgl. Abb. 8) und im Queyras (z.B. in den Oberläufen der Guil, der Torrente (T.) de l'Aigue Agnelle und der T. de l'Aigue Blanche mit Stirnhöhen von über 70cm) beobachtet werden.

Die Frostschutthalden (Sturzhalden und Sturzkegel) werden ebenfalls zu den Periglazialerscheinungen gerechnet; sie können aber bis zu 1000m von ihrem Bildungsort entfernt als allochthone Schutthalden (zuerst bei POSER 1954, S. 147) hinabreichen und sind daher als Leitformen für eine periglaziale Höhenstufe nur bedingt geeignet[24].

Als **Obergrenze** der Solifluktionsstufe wird im allgemeinen die Grenze der permanenten Schneebedeckung angenommen. Von dieser Einteilung möchte ich aber abweichen und im folgenden eine Höhenstufe mit überwiegend nivaler Formung von der mit periglaziärer und glaziärer Formung abgrenzen. Auf die klimatischen Parameter der einzelnen Höhenstufen sowie deren Abgrenzung untereinander werde ich noch im nächsten Abschnitt eingehen.

Die **Niederschläge** nehmen mit der Höhe zu, ohne daß sich eine Zone maximalen Niederschlags feststellen läßt (KUBAT 1972, S. 20). In den inneren Teilen der Westalpen können die Niederschläge aber trotz zunehmender Höhe konstant bleiben. Die Niederschlagsmessung im Hochgebirge ist jedoch problematisch, die Fehler durch Strömungseffekte (Wind), Hanglagen, u.a. betragen nach KUBAT (1972) teilweise über 20%. In höheren Lagen fällt ein Großteil des Niederschlags als Schnee, die Zahl der Tage mit Schneedecke und die Schneemächtigkeit nehmen zu (vgl. HÖLLERMANN 1964 sowie Abb. 9 und 10).

Die geschlossene **Schneedecke** (als temporäre Schneegrenze) sinkt im Oktober schnell und gleichmäßig bis in die Täler hin ab und steigt ab Februar/März nur langsam wieder an. Dauer und Häufigkeit sind von Jahr zu Jahr großen Schwankungen unterworfen. Durch den Wind finden auch große Umlagerungen des Schnees statt, so daß sich die Mächtigkeit der Schneedecke schon innerhalb kürzester Entfernung stark verändern kann (vgl. hierzu auch STEINHÄUSSER 1951a; STEINHAUSER 1973, 1974; LAUSCHER A. & F. 1975, 1981).

Die **Temperatur** nimmt mit der Höhe im Durchschnitt um ca. 0,6 °C pro 100m ab, wobei dieser Gradient durch winterliche Inversion in den Tälern kleiner sein kann. An der periglazialen Untergrenze beträgt die Jahresmitteltemperatur in den von mir untersuchten Gebieten zwischen $-1°$ und $+1°$ C (siehe Abb. 33 und Tab. 6).

Die meisten **Frostwechseltage** sind in den Ostalpen in ca. 1750m Höhe (115 Tage nach FLIRI 1975, S. 174), da mit zunehmender Höhe sich auch die Zahl der Eistage erhöht[25]. Dabei haben die Frostwechseltage zwei jahreszeitliche Maxima, im Herbst und im Winter, die mit zunehmender Höhe zu einem sommerlichen Maximum zusammenfallen. Die Zahlenangaben beziehen sich aber auf die Lufttemperatur in 2m Höhe und sind daher für periglaziäre Prozesse nicht relevant. Am Boden sind Frostwechsel häufiger, die Temperaturschwankungen sind größer. Entscheidend für die Frostwechselwirkung sind aber Faktoren wie Vegetation, Schneedecke, Exposition, Relief, Hangneigung und Bodenbeschaffenheit sowie Windexponiertheit, die auch kleinräumig stark variieren.

Permafrost ist im Bereich der Glockner- und Ankogel-Gruppen in der Literatur bisher nicht nachgewiesen worden, auch gibt es keine rezenten Blockgletscher. Im Bleschischg-Kar

---

24 Vgl. u.a. HÖLLERMANN (1967, S. 4ff) sowie Kapitel II.B.4.

25 Hierzu auch: HASTENRATH (1960) und STELZER (1962).

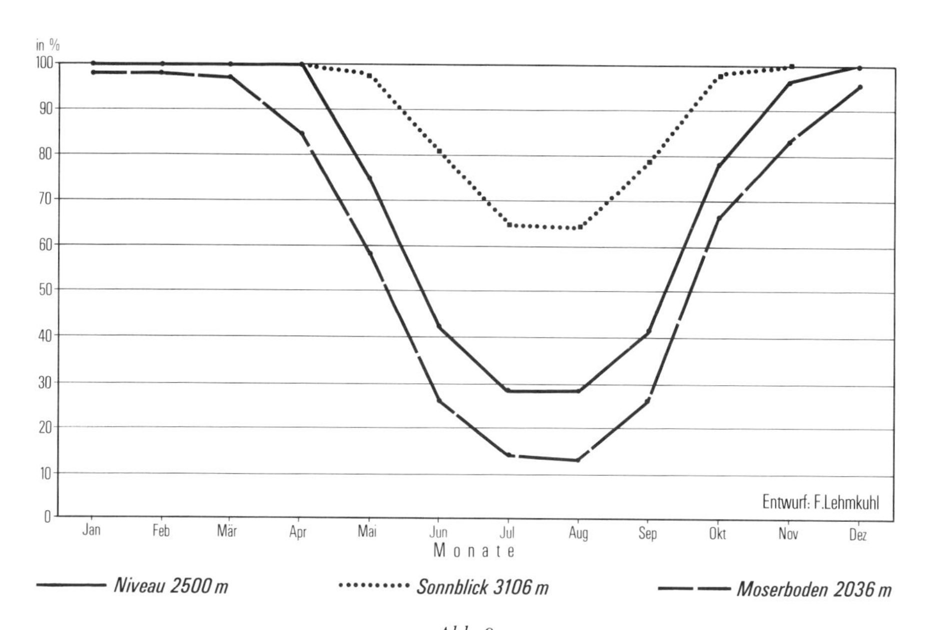

Abb. 9:
Prozentanteil des festen Niederschlags am Gesamtniederschlag am Beispiel der Hohen Tauern (Ostalpen).
Zeitraum: 1946–1975, Quelle: LAUSCHER, A. & F. (1981).

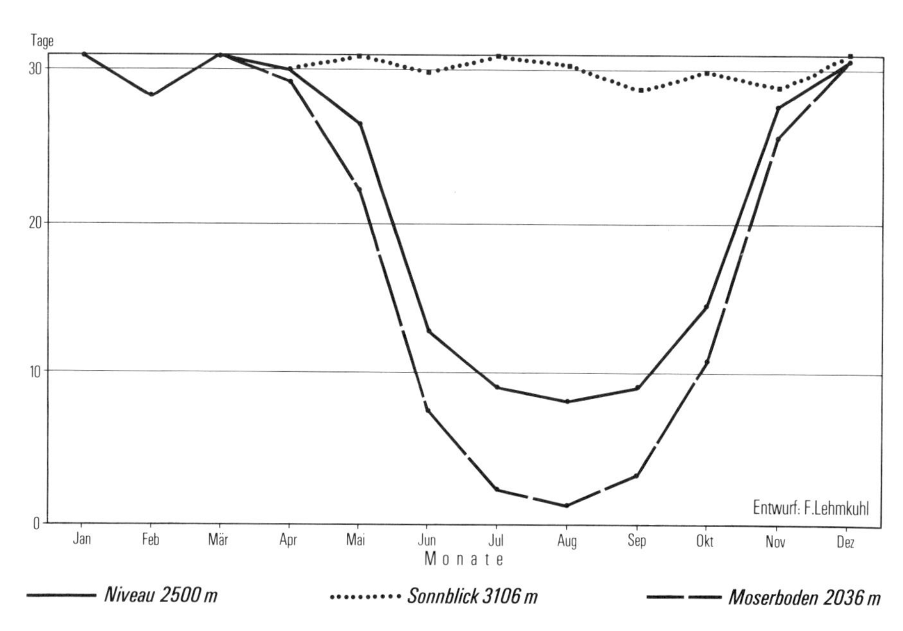

Abb. 10:
Zahl der Tage mit Schneedecke am Beispiel der Hohen Tauern (Ostalpen).
Zeitraum: 1946–1975, Quelle: LAUSCHER, A. & F. (1981).

(unterhalb des Törlspitz im Seebachtal, Ankogel-Gruppe; vgl. Beilage 6) wurde jedoch Blockschutt gefunden, der als fossiler Blockgletscher mit einer Untergrenze von 2100m gedeutet werden kann. Es ist aber in größeren Höhen, hauptsächlich jedoch unter perennierenden Schneeflecken und in N-Exposition, mit alpinem Permafrost zu rechnen. Die rezente Untergrenze von diskontinuierlichem Permafrost liegt im Bereich der Glorer Hütte (Schober-Gruppe, Osttirol) in NW-Exposition nach VEIT (1988, S. 138) in 2650m. VEIT (1988) deutet fossile Blockgletscher als Indikatoren für diskontinuierlichen Permafrost (bei einer Jahresmitteltemperatur von −2° C) und weist für Osttirol eine um 250m tiefere Untergrenze etwa für den Zeitraum 3300−2900 B.P. nach, die sich mit den Untersuchungen von GAMPER (1985), der im selben Zeitraum in der Schweiz eine verstärkte Solifluktionsaktivität nachweist, deckt. BARSCH (1977) weist alpinen Permafrost für die Westalpen hauptsächlich oberhalb der heutigen Schneegrenze und bevorzugt in Nordexposition nach[26].

In den Westalpen konnten im Pelvoux-Gebiet zwei **Blockgletscher** an der W-exponierten Talflanke des Vallon Chambran in 2500m beobachtet werden. Im Gebiet des Queyras wurden mehrere größtenteils noch aktive Blockgletscher gefunden: NE-lich des Pain du Sucre (s. auch Abb. 12), im N-exponierten Talschluß der T. de l'Aigue Blanche sowie u.a. im Talschluß der Torrent du Melezet (Lac de St. Anne) in ca. 2400m sowie an der gegenüberliegenden Flanke unterhalb des höchsten Gipfels dieses Gebietes (Pic de la Font Sancte 3387m) neben zwei kleineren Gletschern (zur Lage s. Beilage 4). Die Untersuchungen von EVIN & ASSIER (1973) lassen auch diskontinuierlichen Permafrost wahrscheinlich erscheinen. CHARDON (1984, S. 22) rechnet in den französischen Alpen mit kontinuierlichem Permafrost (pergélisol continu) ab 3800m[27].

In **vegetationskundlicher** Hinsicht befindet sich die periglaziale Stufe im Bereich der alpinen Matten, wiesenähnlicher, geschlossener Bergvegetation. Oberhalb der Waldgrenze wird die Vegetationszeit kürzer, am Boden herrscht aber ein günstigeres Mikroklima als es die Klimameßstationen anzeigen. Der Schnee wird hier zum entscheidenden ökologischen Faktor u.a. durch seine schützende Funktion vor Frosttrocknis und Wind. In ihrem unteren Abschnitt (subalpine Stufe, oft auch als Zwergstrauchstufe ausgewiesen) wachsen Zwergsträucher, Latschen und einzelne Baumkrüppel. Nach oben hin löst sich die alpine Stufe fleckenhaft auf und geht in die subnivale Stufe, die selten geschlossene Vegetationsverbände besitzt, über. Zur Ökologie der alpinen Stufe, den charakteristischen Vegetationsassoziationen etc. siehe ELLENBERG (1978, S. 516ff) und OZENDA (1988, S. 231ff) sowie die dort zitierte Literatur. Im Bereich der Silikat-Rasengesellschaften, die in den von mir untersuchten Gebieten vorherrschen, lassen sich drei Verbände pflanzensoziologisch nach OZENDA (1988, S. 259ff) ausgliedern: *Festucion variae, Nardion* und *Caricion curvulae*. Der Verband des *Festucion variae* reicht kaum über 2300m hinauf und wird häufig von *Juniperus alpina* besiedelt und ist daher der subalpinen Stufe zuzuordnen.

Die Obergrenze der alpinen Stufe liegt in den Hohen Tauern in ca. 2500 m Höhe. Die anschließende subnivale Stufe reicht bis zur klimatischen Schneegrenze, die sich in den Hohen Tauern in ca. 2750 bis 2820m befindet. In den Westalpen liegt diese Höhenstufe

---

[26] Zum alpinen Permafrost vgl. auch HAEBERLI (1985) sowie ROLSHOVEN (1982), die für die Lasörling-Gruppe (Osttirol) diskontinuierlichen Permafrost, relief- und klimabedingt, in Höhen von 2550−3200m belegt.

[27] Weitere Literatur über Blockgletscher: GUITER (1972), HÖLLERMANN (1983a), BARSCH (1983).

Abb. 11:
Torrente de l'Aigue Agnelle (Queyras; Beilage 4), Blickrichtung SW vom Pain du Sucre (3208m). Gut zu erkennen die schroffen N-exponierten Hänge links mit der Abfolge Nivationstricher – Runse – Schuttkegel (z.T. mit aktiver Murbahn) sowie die, im oberen Bereich vegetationsfreien, Glatthänge in S-Exposition und einem sanften Periglazialrelief in tieferen Lagen. – Aufnahme am 30.7.1986.
Fig. 11:
Torrente de l'Aigue Agnelle (Queyras). Vue vers SW, station Pain du Sucre (3208m). Des ubacs escarpées, à gauche la séquence – de l'entonnoir de nivation – du couloir – du cône ainsi que dans la région plus élevée des adrets reglés sans végétation et un doux relief de gélifluxion dans les régions plus basses.

dementsprechend höher: alpine Matten von ca. 2400 bis ca. 2800m und die klimatische Schneegrenze entsprechend höher (vgl. Tab. 3/Abb. 32). Aufgrund der geringeren Sommerniederschläge und der größeren Kontinentalität (keine oder nur geringe Niederschlagszunahme mit der Höhe) im Bereich der inneren Westalpen (Queyras) ist hier die Vegetationsdecke teilweise lückenhaft und kann an den strahlungsreicheren Südhängen sogar völlig fehlen.

Diese expositionsbedingten Asymmetrien konnten besonders im Gebiet des Queyras beobachtet werden, wo oberhalb der Waldgrenze in Südexposition in erster Linie fast vegetationsfreie Hänge vorhanden sind. Als ein Beispiel für eine Reliefasymmetrie in diesem Bereich können die Abbildungen 11 und 12 dienen.

In der höhenwärts anschließenden nivalen Stufe dominieren Pioniervegetation sowie Flechten und Moose, hierauf wird im nächsten Kapitel noch näher eingegangen[28].

Der Faktor **Gestein** spielt bei der Ausbildung periglazialer Formen genauso eine entscheidende Rolle wie auch bei den nivalen und sogar den glazialen Formen. So ist beispielsweise in bezug auf die Untergrenze des periglazialen Formenschatzes ein Unterschied von bis zu 200m beobachtet worden. Dabei müssen natürlich andere Einflußfaktoren wie Hangneigung und Vegetation außer Betracht gelassen werden. Dann liefern z.B. Karbonatgesteine für periglaziäre Prozesse das günstigere Feinmaterial als kristalline Gesteine (hierzu auch FITZE 1969; GRAF 1971a,b; MANI und KIENHOLZ 1988). Außerdem neigen Karbonatgesteine

[28] Weitere Literatur zur Vegetation: GAMS (1936), FRIEDEL (1956, 1969) sowie die bei OZENDA (1988) angegebene Literatur.

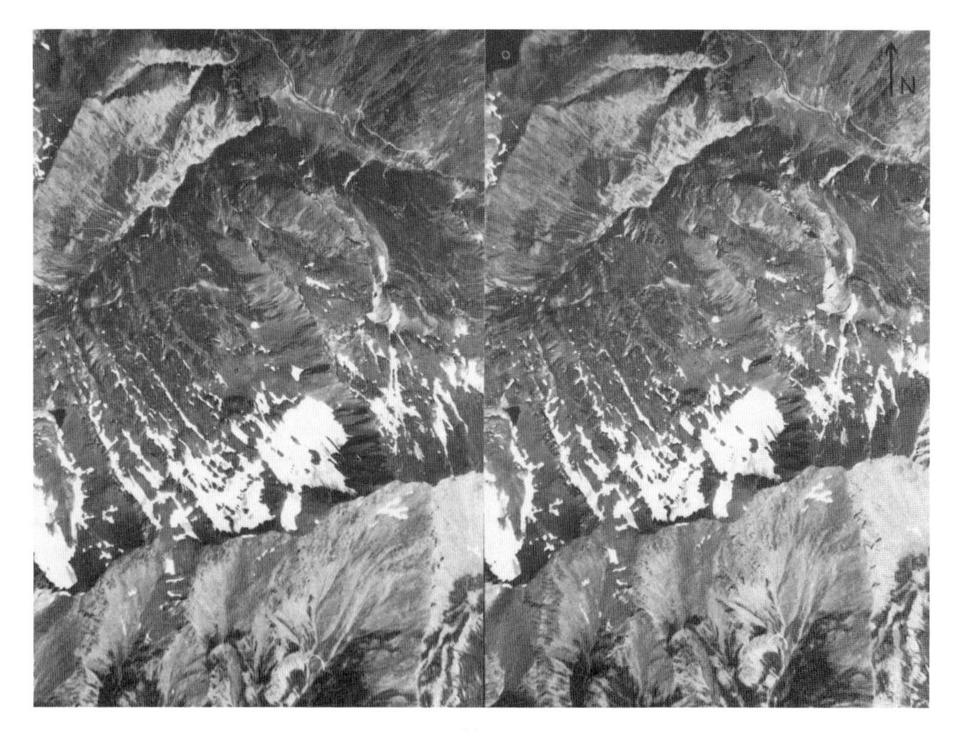

Abb. 12:
Luftbild-Stereopaar aus dem Queyras (Maßstab ca. 1:50.000). Im unteren Bildabschnitt in S-Exposition ein schuttbedeckter (periglazialer) Glatthang. Nördlich dieses Kammes, der hier zugleich die Grenze Frankreichs zu Italien bildet, ergeben Firnfelder und ein kleiner Gletscher in vorzeitlichen Karen sowie Nivationsformen eine anderes Landschaftsbild (am linken Bildrand ein Blockgletscher). Diese Asymmetrie ist hier nicht gesteinsbedingt, wie an den Lineamenten in den Roches Vertes (Grünschiefern) und kristallinen Schiefern, die NNE-SSW streichen, in der Bildmitte zu erkennen ist. Am oberen Bildrand ist das Tal der Guil mit den heraufgreifenden Kerben der Nebentäler sowie Waldbedeckung in N-Exposition sichtbar. – Ausschnitt des Bildpaares 50 und 51, IGN-Flug vom 22.7.1980.
Fig. 12:
Photo aérienne de Queyras (l'échelle environ 1:50.000). Vers le bas il y a un adret reglé périglacial couvert par de l'éboulis. Au N on peut connaître des névés et un petit glacier dans un cirque relique ainsi que des formes de nivation. Cette asymétrie ne peut pas attribuer à la géologie. Vers le haut, on voit la vallée de guil avec les entailles des vallées affluentes ainsi que le forêt exposé au N.

zur Verkarstung, die auch die Schneeformung beeinflußt, da es unter Schneeflecken aufgrund des ständigen Schmelzwasserangebotes zu einer stärkeren Lösung des Untergrundes bis Dolinenbildungen kommen kann.

Aus diesem Grund wurden Karbonatgesteine bei der hier vorliegenden Arbeit bewußt außer acht gelassen. Aber auch die in ihrer morphologischen Wertigkeit unterschiedlichen kristallinen Gesteine können zu einer differenzierten Formung führen (vgl. FRITZ 1976). So ist in harten Gesteinen z.B. Amphybolit, Serpentinit oder auch feinkristallinen Graniten die Ausbildung von höheren, plumperen Gipfeln und Graten zu beobachten. Im Gegensatz dazu stehen die (kristallinen) Schiefergesteine, die aufgrund der größeren Anfälligkeit gegenüber der Frostverwitterung weichere Gipfelformen ergeben und auch eher Feinmaterial für periglaziäre Prozesse bereitstellen. In den härteren Gesteinen dominieren hingegen Blockschutthalden und Blockströme aus grobem Verwitterungsmaterial. Außerdem sind zumeist glaziale Vorzeitformen wie Kare, Tröge und Trogschultern, Rundhöcker etc. besser konserviert und deutlicher zu erkennen als in weicheren kristallinen Schiefern. Als Beispiele seien hier genannt: 1. Das Seebachtal, wo sich im Talschluß im Bereich des harten Gneiskerns die Trogschultern deutlich abzeichnen, dann aber im weiteren Talverlauf, in den Schieferhüllen, nur noch undeutlich zu erkennen sind. 2. Im Pelvoux-Gebiet sind im Zentrum im Bereich der Granite und Gneise zumeist deutliche Tröge entwickelt, die im Bereich der kristallinen Schiefer des Briançonnais fehlen.

In den **Ostalpen** ist der periglaziale Formenschatz aufgrund des günstigeren Reliefangebots, es befinden sich in dieser Höhenlage verschiedene Altflächenreste[29], gut entwickelt. Strukturböden und Deflationserscheinungen wurden im Glocknergebiet u.a. im Bereich des Tauernhauptkammes (Hochtor) gefunden. Weitere Detailbeispiele für das Glocknergebiet: HÖLLERMANN (1967) u. STINGL (1969), in der Ankogel-Gruppe sind ab 2200m verbreitet Solifluktionsgirlanden zu beobachten.

In den **Westalpen** ist im Pelvoux-Gebiet neben der Gesteinsungunst auch das Relief für Periglazialerscheinungen ungünstig, häufig zu steil. Hier konnten sonst ab ca. 2300m Periglazialerscheinungen wie Solifluktionsloben und Girlanden sowie Rasenwälzen (s.u.) gefunden werden. Im Gebiet des Queyras waren ab ca. 2400m, vereinzelt aber schon ab 2300m, Periglazialerscheinungen wie Solifluktionsloben, Girlanden, Rasenwälzen und Erdströme vorherrschend.Insgesamt ist in diesem Gebiet die Vegetationsdecke lückenhaft. Es dominieren die Periglazialerscheinungen vom Typ des Rasenwälzens, bei dem es sich um Fließerdeterrassen der gebundenen Solifluktion i.w.S. handelt (nach SCHWEIZER 1968, S. 56)[30]. Diese konnten besonders gut entwickelt in den Randbereichen der E-Abdachung des Pelvoux-Massivs, in denen überwiegend kristalline Schiefer des Briançonnais anstehen, beobachtet werden: Vallon de Chambran (E-Flanke), T. de la Combe Nareyroux, T. de la Selle (Talschluß und E-Flanke), Drac de Champoléon (S-Flanke) sowie la Séveraisse (S-Flanke) / T. de Vallonpièrre (W-Flanke) in einer Sedimentmulde aus kristallinen Schiefern (zur Lage vgl. Beilage 3).

4. Nivale Höhenstufe

Eine Einführung und Definition des Begriffes Nival/Nivation ist bereits in Kapitel I.C. dargelegt worden.

Zunächst soll in diesem Abschnitt das **Formeninventar** beschrieben werden, bevor auf die Prozesse einer nivalen Höhenstufe eingegangen wird. Bei der **morphographischen Analyse** läßt sich die nivale Stufe deutlich von einer periglazialen und glazialen Höhenstufe abgrenzen, während die Gliederung nach Prozessen und Prozesskombinationen oft eine Tren-

---

[29] In erster Linie ist hier das sogenannte Flachkarniveau (zuerst nach KLIMPT 1943) in ca. 2300–2600m Höhe zu nennen. Darunter werden u.a. breite, sanft geneigte, heute oft firnleere Kare verstanden. Als Typlokalität gilt das obere Seidelwinkeltal unterhalb des Hochtores.

[30] Weitere Literatur zum periglazialen Formenschatz der Westalpen: Centre de Géomorphologie de Caen C.N.R.S. – Université d'Aix-en-Provence (1980), FRANCOU (1977, 1982, 1983) sowie die dort zitierte ältere Literatur.

nung zwischen Nival und Periglazial (periglaziär) erschwert. Es dominieren in der nivalen Höhenstufe zwar die Prozesse der Schnee-Erosion bzw. Nivation (wobei die Nivation z.T. die frostdynamischen Prozesse beinhaltet, z.B. Definition nach THORN 1979a, s.o.), aber die Frostverwitterung und Frostsprengung haben einen großen Anteil bei der Weiterbildung der Nivationsformen.

Auch KARTE (1979, S. 80) diskutiert die Eigenständigkeit eines nivalen Formenschatzes im Übergangsbereich zum glaziären Formungsbereich. Er rechnet Nivationsnischen und Pflasterböden zu den Periglaziärerscheinungen im weiteren Sinne, da bei ihrer Entstehung frostdynamische Prozesse einen maßgeblichen Anteil haben. Nivationsformen kommen aber seiner Meinung nach als Abgrenzungskriterien einer periglaziären Zone / Höhenstufe äquatorwärts bzw. nach unten nicht in Betracht und sind als Leitformen des Periglaziärs insgesamt nur bedingt geeignet (vgl. KARTE 1979, S. 80).

In der nivalen Höhenstufe bilden Schneeflecken und Formen der Schnee-Erosion, neben den Formen der ungebundenen Solifluktion sowie den (Frost-) Schutthalden, das dominierende Landschaftselement. Dieser Formenschatz unterscheidet sich von dem der periglazialen Höhenstufe dadurch, daß eine Tendenz zur Zuschärfung der Hänge durch Runsen, Nivationstrichter, -leisten etc. sowie eine Prononcierung des Flachreliefs, vor allem durch Nivationsmulden, vorherrscht.

Die Frage zur Entstehung der initialen Hohlformen durch Nivation wird noch diskutiert. Ein Schneefleck in einer Hohlform wird nicht als Beweis für die Entstehung dieser Hohlform durch den Schnee angesehen, die Weiterbildung einer einmal vorhandenen Hohlform durch nivale Überformung gilt dagegen als möglich (vgl. HÖLLERMANN 1964, EMBELTON & KING 1975, KARTE 1979). Für meinen Ansatz ist diese Fragestellung nur von sekundärer Bedeutung, da in der von mir ausgegliederten nivalen Höhenstufe (Hohl-) Formen herausgearbeitet werden, während in der periglazialen Höhenstufe Formen durch die (Geli-) Solifluktion verwischt werden und somit eher sanfte Formen das Landschaftsbild bestimmen (s.o.).

Die Gliederung der Schneeflecken in longitudinale, transversale und runde nach LEWIS (1939) erscheint morphographisch für die Fragestellung dieser Arbeit sinnvoll. Eine weitergehende Systematik von Nivationsformen, wie sie beispielsweise BERGER (1964, S. 74f) aufgestellt hat, ist meiner Meinung nach zu komplex. Sein unterstes Stockwerk der „Rinnen- und Furchennivation“ (BERGER 1964, S. 61) befindet sich zudem nach der von mir angewandten Methode als Fremdlingsform in der periglazialen Stufe (da nicht „landschaftsbestimmend“), während sein oberstes Stockwerk mit flächenhaft wirkender Nivation mit meiner nivalen Höhenstufe identisch ist (vgl. Abb. 13).

Die markantesten Formenelemente der nivalen Höhenstufe sind Nivationsmulden, -trichter (nivation funnels), -runsen, -leisten und Kryoplanationsterrassen. In einem höheren Stockwerk, zumeist oberhalb der Gletscher-Schneegrenze, sind steilere Glatthänge vorhanden, deren Genese allerdings noch strittig ist.

Da die nivalen Formen strahlungsabhängig sind, reichen sie in Nordexposition tiefer hinab. Als Beispiel sei hier die Nordabdachung der Glockner-Gruppe angeführt, wo Nivationsformen stellenweise bis ca. 2000m zu finden sind (Fuschertal, Seidelwinkel Ache, vgl. Abb. 14 und 15).

Die Nivationsformen sind in den Alpen wie auch in Skandinavien in der Regel mit Blockströmen (-feldern) und Schutthalden, dem oberen periglazialen Stockwerk nach herkömmlicher Definition, vergesellschaftet.

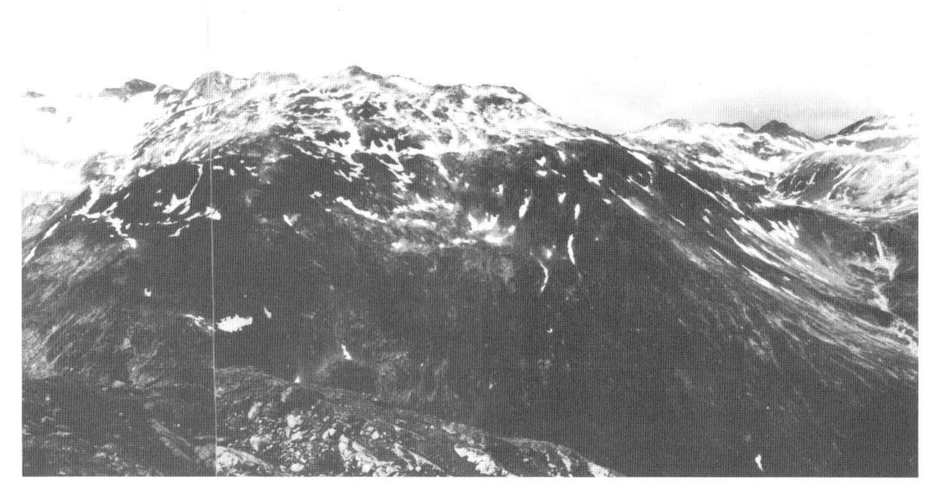

Abb. 13:

Großelend (Ankogel-Gruppe; s. Beilage 2): Oberhalb der hier E- und S-exponierten Trogschultern des Großelendtales zahlreiche Nivationstrichter mit anschließenden Runsen, in denen z.T. wiederum Nivationshohlformen eingearbeitet sind (= Rinnen- und Furchennivation nach BERGER). Links der NE-exponierte Teil des Großelendkeeses, rechts der Fallbach mit einer glazialbedingten Stufe. – Aufnahme am 11.7.1986 aus 2400m.

Fig. 13:

Großelend (Ankogel-Gruppe). Au-dessus de l'épaulement d'auge exposé au E et S de Großelendtal. Il y a de nombreux entonnoirs de nivation avec des couloirs suivants dans lesquelles il existe partiellement des dépressions de nivation. A gauche le glacier de Großelend.

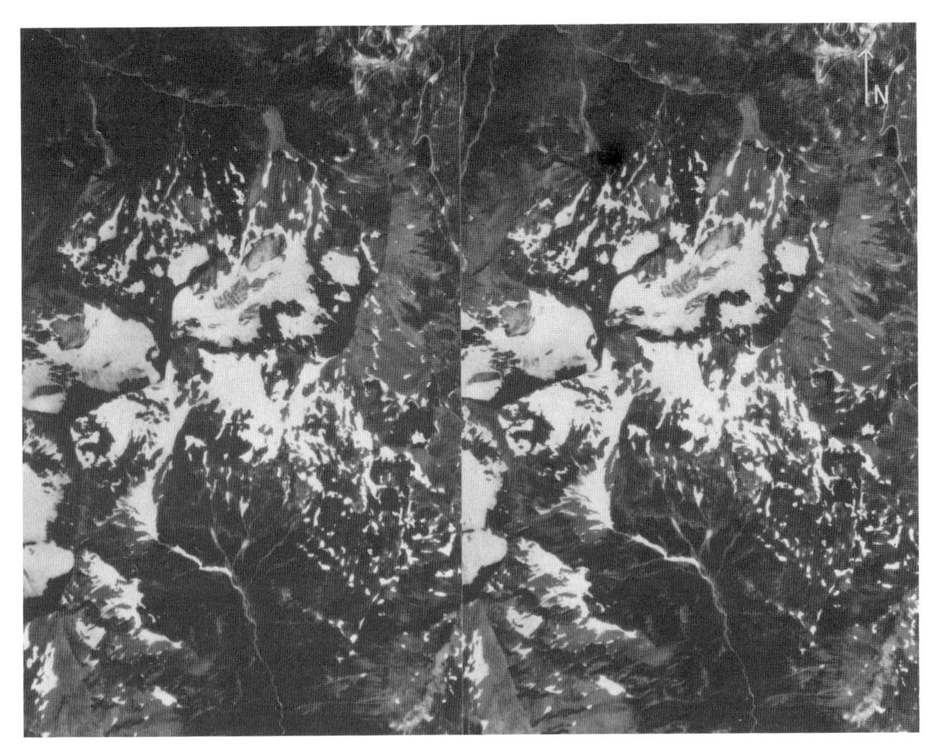

Abb. 15:
Luftbild-Stereopaar aus der Glockner-Gruppe (Maßstab ca. 1:50.000). Tauern-Hauptkamm mit Glatthängen, N-exponierten Gletschern (Spielmannkees, Brennkogelkees einschließlich glazifluviatiler Schotterflur und 1850er Gletscherstand) und relativ weit hinabreichenden Nivationsformen (Untergrenze hier: 2200–2300m) im Talschluß des Fuschertales. Im Osten dieses Bildausschnittes ist das schuttverfüllte Kar der Elendgrube sowie die Großglockner-Hochalpenstraße; im Süden der Talschluß des Guttales mit kleineren Firnfeldern sowie zahlreichen Nivationsformen sichtbar. – Ausschnitt der Luftbilder 1778 u. 1980, Bildflug Hohe Tauern vom 22.7.1983.
Fig. 15:
Photo-aérienne de la groupe Glockner (l'échelle environ 1:50.000). La crête principale (Tauern) avec des ubacs reglés et des glaciers (Spielmannkees, Brennkogelkees) et des formes de nivation plus basses dans la tête de vallée de Fuschertal.
– Vervielfältigt mit Genehmigung des Bundesamtes für Eich- und Vermessungswesen (Landesaufnahme) in Wien, Zl. L 62 225/89.

Abb. 14:
◀ *Talschluß der Seidelwinkel Ache (Glockner-Gruppe; s. Beilage 1), Aufnahme vom Fuscher Törl (2404m). Zahlreiche Nivationsformen, die hier in N-Exposition weit herabreichen und sich eng mit dem periglazialen Stockwerk verzahnen. Im Vordergrund rechts Fuscher Lacke (2261m) und Großglockner-Hochalpenstraße. – Aufnahme am 7.7.1986.*
Fig. 14:
La tête de vallée de Seidelwinkel Ache (Glockner-Gruppe). Station Fuscher Törl (2404m). De nombreuses formes de nivation qu'on peut trouver ici très bas à l'ubac. Ils s'engrênent avec l'étage périglacial. Au premier plan à gauche Fuscher Lacke (2261m) et la rue Großglockner-Hochalpenstraße.

Abb. 16:
S-exponiertes Kar unterhalb des Hannover-Hauses (Seebachtal, Ankogel-Gruppe; s. Beilage 2 u. 6). Zahlreiche Nivationsmulden und Schneetälchen in diesem flachen Karboden verzahnen sich mit einem tieferliegenden sanfteren Periglazialrelief. Unterhalb der Schneeflecken im linken Bildabschnitt konnten im Spätsommer fast vegetationsfreie Feinmaterialbereiche mit Formen der ungebundenen Solifluktion gefunden werden. In der rechten Bildhälfte der Talschluß des Seebaches mit der Hochalmspitze (3366m) und dem Säuleck (3086m). In diesem Bereich sind, neben dem Winkelkees unterhalb der Hochalmspitze, einige Nivationstrichter (z.T. Wandfußtrichter) sowie kleinere Firnfelder oberhalb der markanten Trogschulter zu erkennen. – Aufnahme aus 2760m am 1.7.86.

Fig. 16:
Le cirque de l'adret au dessous de la maison Hannover (Seebachtal, Ankogel-Gruppe) Dans ce fond de cirque plat de nombreuses cuvettes de nivation et des vallons de neige s'engrênent avec le doux relief de gélifluxion plus bas. A droite la tête de vallée de Seebach avec Hochalmspitze (3366m) et Säuleck (3086m). A côté de Winkelkees au dessous de Hochalmspitze, on peut connaître quelques entonnoirs de nivation (partiellement des entonnoirs au pied du paroi) ainsi que de petits névés au dessus de l'épaulement d'auge distinct.

Abb. 17:
Longitudinale Nivationshohlform im Grobschutt im Trom Kar (Kleinhap (2580m), Ankogel-Gruppe; s. Beilage 6). Bei Hangneigungen von über 20° dominieren im allgemeinen longitudinale Schneeflecken. Unter diesen Schneeflecken wurden im Spätsommer bis zu 1m mächtige Akkumulationen von Feinmaterial (hauptsächlich Feinsand, Schluff und kleinere Fraktionen) gefunden. – Aufnahme am 11.7.1986.
Fig. 17:
Des dépressions de nivation longitudinales dans des éboulis gros au sein de la cirque Trom (Kleinhap 2580m, Ankogel-Gruppe). Incliné plus de 20 degrés, en général, des champs de neige longitudinals sont dominants. Au fin de l'été on voit des matériaux fins d'un hauteur de 1m sous ces champs de neige.

Von den Schneeflecken können **Schmelzwasserrinnen** ausgehen, in denen sich dann vorzugsweise Schnee ablagern kann, so daß sich ganze Reihen von übereinanderliegenden Schneeformen, meist Nivationsnischen, bilden können (Rinnen- und Furchennivation im Sinne von BERGER 1964). Diese lineare Erosion, z.T. mit Nivationsformen oder als Schneetälchen (in flacherem Gelände), können sich als Fremdlingsformen in Erosionsrinnen weit durch das sonst überwiegend sanfte Periglazialrelief ziehen. In der Umgebung von Grobblockmaterial sind die Schmelzwässer oft nur in unmittelbarer Nähe des Schneefleckes morphologisch wirksam, da sie in dem Blockmaterial, das die Schneeflecken umgibt, versickern.

Nivationsmulden sind deskriptiv als muldenförmige Hohlformen zu bezeichnen, die an relativ flaches Relief mit Hangneigungen zumeist unter 20° gebunden sind und deren Größenordnung im hundert Meter Bereich liegt (Abb. 16). Bedingt durch diese Reliefverhältnisse können unterschiedliche Formen von Schneeflecken – sie können longitudinal (meist bei etwas steilerem Reliefverhältnis, vgl. Abb. 17), transversal oder auch rund sein – entstehen, wobei sowohl anstehende Gesteine als auch Schutthalden und Schuttkörper den Untergrund bilden können. Dieser Typ von Schneefleckenlandschaft ist in den unteren Teilen der nivalen Höhenstufe dominierend und verzahnt sich sehr eng mit dem periglazialen Relief, bestehend

Abb. 18:
Zahlreiche Nivationsmulden im Bereich der Trögeralm (Glockner-Gruppe; s. Beilage 6) in 2620m. Im Verlauf eines kleinen Rückens im Vordergrund auch Deflationsbarflecken. Im Bildhintergrund der Spielmann (3027m) mit Glatthängen und links der Transfluenzpaß der Unteren Pfandelscharte. – Aufnahme am 3.9.86.

Fig. 18:
De nombreuses cuvettes de nivation dans la région de Trögeralm (Glockner-Gruppe à 2620m). A l'arriére-plan Spielmann (3027m) avec des pentes reglées et à gauche le col de transfluence de Untere Pfandelscharte.

Abb. 19:

Schneefleckenlandschaft des Bleschischg-Kares (Seebachtal, Ankogel-Gruppe; s. Beilage 2 u. 6). Hier sind die unterschiedlichsten Nivationsformen (insbesondere Trichter und Mulden), die sich je nach Relief ausbilden, zu erkennen. In der linken Bildhälfte, unterhalb eines Steilhanges, Nivationstrichter; sonst Nivationsmulden, z.T. Nivationsleisten (vgl. Abb. 28). Rechts unbewachsene Schutthalden und in tieferen Lagen ist der Beginn der alpinen Mattenvegetation im Wechsel mit unbewachsenen Schuttfeldern erkennbar. Der Gipfelbereich des 3250m hohen Ankogels (x) wird z.T. aus gletscherbedeckten Glatthängen gebildet. – Aufnahme aus 2330m am 2.7.86.

Fig. 19:

Un paysage avec des champs de neige, le cirque de Bleschischg (Seebachtal, Ankogel-Gruppe). On peut connaître des formes de nivation les plus différentes (spécialement des entonnoirs et des cuvettes) qui sont formées d'après le relief. A gauche au dessous d'une pente raide des entonnoirs de nivation, autrement des cuvettes de nivation partiellement des saillies de nivation (comp. fig. 28). A droite des talus d'éboulis sans végétation et dans les régions plus basses on peut connaître le commencement d'une pélouse alpine changeant avec des champs d'éboulis sans végétation. La région du sommet d'Ankogel (3250m) est formée partiellement par des pentes reglées couvertes par des cirques.

aus überwiegend sanften Formen (vgl. Abb. 16, 18 und 19). Voraussetzung für die Entstehung einer solchen Schneefleckenlandschaft ist allerdings das Vorhandensein eines entsprechenden Flachreliefs. Es handelt sich hierbei in der Regel um Altflächenreste, Karniveaus und Trogschulterbereiche (z. T. anlehnend an Altflächenreste) und ähnliche Flachformen. In speziellen Fällen kann es auch zur Bildung von mehreren Schneeleisten übereinander (oder auch Kryoplanationsterrassen, s.u.) kommen.

Die regionale Verbreitung von Nivationsmulden und ähnlichen Nivationshohlformen im Flachrelief ist den Beilagen 1 bis 4 zu entnehmen.

In diesen Nivationsformen im flacheren Relief (Nivationsmulden, flache Hohlformen und Tälchen) kann Feinmaterial unter den Schneeflecken akkumuliert werden, und in den schneller schneefrei werdenden Hohlformen siedelt sich Pioniervegetation (Schneetälchenvegetation, s.u.) an. In diesem Bereich überwiegen denudative Prozesse: zum einen die flächenhafte Abspülung der Schneeschmelzwässer, zum anderen die erhöhte Verlagerung des Materials, insbesondere des Feinmaterials, durch die Solifluktion.

Nivationstrichter (nivation funnels nach HÖVERMANN 1987, S. 123) sind dagegen V-förmige in den Hang eingeschnittene Vertiefungen in relativ steilem Relief (in der Regel über 35°) im Anstehenden. Die prägnantesten Trichter sind im Bereich der weicheren Schiefer z.B. in den Schieferhüllen der Hohen Tauern (Glockner- und Ankogel-Gruppen) und in den Sedimentgesteinen des Pelvouxgebietes zu finden (siehe Abb. 20 und 21). Sie unterscheiden

Abb. 20:
Nivationstrichter an der NE-exponierten Flanke des Fallbaches (Ankogel-Gruppe; s. Beilage 2) in ca. 2300m, z.T. mit kleiner anschließender Murbahn. – Aufnahme am 21.8.1986.
Fig. 20:
Des entonnoirs de nivation à la pente exposée au NE de Fallbach à environ 2300m partiellement avec de petites laves torrentielles suivantes.

Abb. 21:
N-exponierter Talschluß der Torrente de Vallonpièrre (Pelvoux; s. Beilage 3) mit zahlreichen Nivationstrichtern in weichen Schiefern. Rechts ein E-exponierter Hang mit Solifluktionsgirlanden. – Aufnahme aus 2400m am 7.8.1986.

Fig. 21:
La tête de vallée au N de la Torrente de Vallonpièrre (Pelvoux) avec de nombreux entonnoirs de nivation en des schistes tendres. A droite la pente exposée au E avec des guirlandes de gélifluxion.

Abb. 22:
N-exponierter Glatthang des Hinteren Leiterkopfes (2891m, Glockner-Gruppe; s. Beilage 1) mit einsetzender Zerschneidung durch Nivationstrichter am Fuß des Glatthanges oberhalb eines glazigenen Schliffbords. Rechts daran anschließend Karoide des Schwerteckkeeses mit rezenten, z.T. vorstoßenden Gletschern. Im Vordergrund Nivationsmulden im Bereich der Trögeralm. – Aufnahme aus 2400m am 30.7.1984.
Fig. 22:
L'ubac reglé (2891m, Glockner-Gruppe) avec des incision par des entonnoirs de nivation au pied de la pente reglée au-dessus du bord d'auge. Il suit, à droite, les cirques de Schwerteckkees avec des glaciers actuels qui partiellement poussent en avant. Au premier plan des cuvettes de nivation dans la région de Trögeralm.

sich von glazialen Formen durch eine fehlende Übertiefung und dadurch, daß sie etwa eine Zehnerpotenz kleiner sind (vgl. Abb. 22, wo sich ein Nivationstrichter in einen Glatthang eingesenkt hat). Diese Nivationshohlformen können die Initialform zu Karen sein (schon bei BOWMAN 1916, zuletzt RAPP 1982).

Bei noch steileren Hängen und Wänden (über 50°) kommt es zur Bildung von **Runsen** (Nivationsrunsen), ein eigentlicher Trichter ist nicht mehr oder nur als schmaler, eng zusammenlaufender Trichter zu erkennen. Es handelt sich hierbei eher um eine lineare Hangzerschneidung, wobei eine Gliederung des Hanges in zahlreiche solcher Runsen durchaus möglich ist. Hier sind longitudinale Schneeflecken zu finden (s. Abb. 23). Sie unterscheidet sich von der zuerst durch BERGER (1964) so bezeichneten Furchen- und Rinnennivation dadurch, daß diese durch Schmelzwässer in flacherem Relief entstehen können (hierzu zuletzt HEMPEL 1986, 1988).

Abb. 23:
T. de Celse Nière / T. de St. Pièrre (Pelvoux; s. Beilage 3). Aufnahme vom Gipfel des La Blanche (2950m) in NW-Richtung. Zahlreiche Nivationsrunsen (Nivationstrichter) im Steilrelief unterhalb des 3931m hohen, in Wolken befindlichen Gipfels des Pelvoux mit anschließenden Runsen (als Durchtransportstrecke) und Schwemm- bzw. Sturz- und Murkegel (Nivale Serie). Die Gipfelbereiche sind vergletschert. Rechts das Trogtal der T. de St. Pièrre. – Aufnahme am 20.7.1986.
Fig. 23:
T. de Celse Nière / T. de St. Pièrre (Pelvoux). Station: sommet de La Blanche (2950m) vers NW. De nombreux couloirs de nivation (des entonnoirs de nivation) dans un relief raide au-dessous du sommet de Pelvoux (3931m) avec des couloirs suivants (comme de la route de transport) et des cônes torrentiels, alluviaux ou d'éboulis (la série nivale). La région du sommet est couverte par des glaciers. A droite la vallée d'auge de T. de St. Pièrre.

Die Breite von Nivationstrichtern erreicht in den Alpen maximal 100m, Runsen sind zumeist schmaler als 50m. Diese Formen können sich in der Längsachse von einigen Dekametern bis zu einigen hundert Metern erstrecken.

An die Nivationstrichter und (Nivations-) Runsen schließt sich immer eine Schmelzwasserbahn an, da sich im Bereich dieser steileren Formen das Wasser am Ende des Schneefleckes sammelt. Hier ist im Vergleich zu den Abspülungsprozessen im Bereich der flacheren Nivationsformen mit einer höheren Abtragungsintensität sowohl durch das fließende Wasser als auch durch Lawinen und Steinschlag zu rechnen. Ein Versickern der Schmelzwässer, wie es oft bei flacheren Nivationsformen zu beobachten ist, ist hier nicht möglich, da es sich um steilere und im Anstehenden befindliche Formen handelt. Erst im Bereich der Schutthalden kann das Schmelzwasser versickern, wobei zumeist auch das abgespülte Feinmaterial in dem Schutthaldenkörper verschwindet.

Mit dem Terminus **Schutthalde** ist hier immer die Schutthalde im engeren Sinn (nach GERBER 1974, S. 73) zu verstehen, die nach dieser Definition als Oberbegriff auch Schuttkegel beinhaltet, wobei sich die Schuttkegel immer an eine Steinschlagrinne bzw. Nivationsrunse anschließen. Bei Schutthalden ist der Oberhang steiler als der natürliche Böschungswinkel, welcher je nach Gesteinsmaterial 33–41° beträgt (nach STINY 1925/26 und GERBER 1974). Dabei kann der Oberhang sowohl durch Runsen gegliedert als auch als Glatthang ausgebildet sein. Die Massenverlagerung aus dem Rückhang kann durch rein gravitative Prozesse in den Steinschlagrinnen erfolgen, wobei das Material sowohl durch die Frostsprengung gelöst als auch durch Lawinen oder Wasser (z.T. durch Muren) abtransportiert werden kann. Bei einer Gliederung dieses Oberhanges durch zahlreiche Runsen können auch Nivationstrichter und Schneeinlagerung sowie Schneeschurf beteiligt sein. Im Klimaxstadium bildet sich, außer in Felswänden, mutmaßlich der von BÜDEL (1981, S. 72f) so bezeichnete dreiteilige Frostschutthang mit der Abfolge: zerrunster Oberhang – Durchtransport-(Kerbtal-) strecke mit raschem Schutttransport und starker Abtragung (u.a. durch die (Schnee-) Schmelzwässer) – Frost-Unterhang bestehend aus Schutthalden oder eben einem Schuttkegel. Die durch Runsen gegliederten von BÜDEL so bezeichneten Frost-Oberhänge sind meiner Ansicht nach aus zahlreichen kleineren Nivationstrichtern oder im Idealfall einem größeren Nivationstrichter bestehende Erosionshohlformen (siehe hierzu BÜDEL 1981, S. 73 Fig. 31 sowie Photo 8 und 9 auf S. 75).

Diese Abfolge: Nivationstrichter – Durchtransportstrecke (Kerbe, Runse) – Schutthalde (Schuttkegel) ist ein typisches Merkmal der nivalen Region (zumeist im Übergang zur Periglazialregion) und wird von mir als **nivale Serie** bezeichnet (siehe Abb. 24). Diese Formungssequenz bildet sich allerdings am deutlichsten in nicht gegliederten und häufig relativ steilen Hängen oder auch an Trogschultern aus, wobei dann der Nivationstrichter zumeist unmittelbar unterhalb der Kante der Trogschulter liegt. Die Durchtransportstrecke kann unterschiedlich lang sein und sogar völlig fehlen. Von mir konnte diese nivale Serie im Bereich der Alpen, wo sie allerdings im allgemeinen nicht so gut entwickelt ist, vorwiegend im Pelvoux-Massif und in den Hohen Tauern beobachtet werden (vgl. Abb. 6 und 23).

Als weitere Beispiele seien hier BÜDELs Photos und Ergebnisse aus Spitzbergen (s.o.) und Beobachtungen von KRÜGER (1985) im Kebnekaisegebiet (Sarek, Schwedisch-Lappland) zu nennen. Während der ersten Chinesisch-Deutschen Tibet-Expedition wurden ebenfalls solche Formungssequenzen in NE-Tibet (Provinz Qinghai) beschrieben (HÖVERMANN 1982, S. 42ff; KUHLE 1987, S. 200f; WANG JINGTAI 1987, S. 153ff) und von mir im Bereich des Qilian-Shan, während einer weiteren Expedition 1988, beobachtet. Im Bereich dieser chinesischen Gebirge Hochasiens ist diese Abfolge besonders deutlich herausgearbeitet und entwickelt (vgl. Abb. 24). Als Vorzeitformen lassen sich in einigen Harztälern ähnliche Formen deuten.

Die formenbildenden Prozesse im BÜDELschen Frost-Oberhang (s.o.) bzw. in den Nivationsnischen sind polygenetisch d.h. nicht nur auf die Prozesse der Schnee-Erosion beschränkt, sondern auch periglaziäre Prozesse, insbesondere der Frostsprengung, sind ebenfalls maßgeblich beteiligt, was eine Zuordnung zum periglazialen Formenschatz durchaus rechtfertigen kann. Wegen des in dieser Arbeit gewählten Ansatzes der landschaftskundlichen Diagnose auf klimageomorphologischer Grundlage möchte ich aber wegen des anderen Landschaftsbildes, nämlich der Bildung von Erosionshohlformen, diese Bereiche der nivalen Höhenstufe zuordnen. Dabei sind die Schneeflecken in diesen steilen Hohlformen in den Alpen in der Regel schon im Frühsommer verschwunden, der nivale Einfluß ist somit

Abb. 24:
Beispiel der nivalen Serie aus dem Qilian Shan (VR China: 98° 17'E, 39° 03'N). In der Bildmitte die Abfolge Nivationstrichter mit anschließender Runse und Schwemmfächer zum Haupttal. – Aufnahme aus 3930m am 14.9.1988.
Fig. 24:
L'exemple d'une série nivale de Qilan Shan (Chine) à environ 3930m. Au centre la séquence: de l'entonnoir avec du couloir suivant et du cône alluvial vers la vallée principale.

nicht unmittelbar zu erkennen. Aufgrund des in der periglazialen Höhenstufe in der Regel weicheren Reliefs und da sich diese Nivationshohlformen immer oberhalb dieser Höhenstufe befinden, rechtfertigt es ebenfalls die Zuordnung in eine nivale Höhenstufe.

Runsen und Kerben können sich dabei als Fremdlingsformen aus den höheren glazialen oder nivalen Regionen durch die periglaziale Höhenstufe bis an die Kerben der humiden Höhenstufe durchziehen. In der periglazialen Höhenstufe sind sonst, mit Ausnahme von steileren Hangabschnitten, anastomosierende Gerinne in Sohlentälern oder kleinere Muldentäler weit verbreitet.

In dem Hangknick zwischen dem steileren Oberhang und der eigentlichen (Frost-) Schutthalde können sich nun wiederum Nivationshohlformen im Schutt bilden. Es sind regelrechte Schneeleisten in diesen Bereichen zu beobachten; dabei gleitet dann der Schutt aus dem Oberhang (anstehendes Gestein) über den Schnee auf die eigentliche Frostschutthalde, wobei sich oberhalb dieser Hohlformen keine Rinne anschließen muß. Dies sind dann Übergangsformen zu den sogenannten protallus ramparts (Schneehaldenmoränen) und werden von mir als **Wandfußtrichter** angesprochen. Bei den Schneehaldenmoränen im engeren Sinne dagegen, die in den von mir untersuchten Gebieten nicht gefunden werden konnten, handelt es sich um Schuttakkumulationen in Form von Wällen am unteren Ende eines Schneefleckes, die ebenfalls durch den über den Schnee hinweggleitenden Schutt entstehen, sie werden auch als Schneeschuttwälle bezeichnet (vgl. hierzu Abb. 25, 26 sowie Abb. 27).

Abb. 25:
Nivationstrichter unterhalb der Hölzernen Wände (Anlauftal, Ankogel-Gruppe; Beilage 2) in N-Exposition in ca. 2400m. Die Trichter befinden sich im Hangknick zwischen der Wand und der Schutthalde und werden von mir als Wandfußtrichter bezeichnet. Sie stellen Übergangsformen zu den Schneehaldenmoränen (protallus ramparts) dar. In diesem Fall sind randlich noch Schuttwälle zu erkennen. – Aufnahme am 30.6.1986.
Fig. 25:
De l'entonnoir au-dessous de Hölzernen Wände (Anlauftal, Ankogel-Gruppe) à l'ubac à environ 2400m. Les entonnoirs se trouvent dans la rupture de pente entre le paroi et le talus d'éboulis. Ils sont nommés comme des entonnoirs au pied du paroi (Wandfußtrichter). Ce sont des formes transitoires en des pro-talus ramparts. Dans ce cas, on peut déjà voir au bord des levées d'éboulis.

Bei den oben beschriebenen Formen der Wandfußtrichter fehlt die deutliche Wallform, da aufgrund der meist steilen Schutthalden das Material sich erst am Fuße derselben in der Sturzhalde ansammelt. Dies hat eine Materialsortierung zur Folge, wobei die oberen Abschnitte der Schutthalde natürlich durch die kleineren, die unteren Bereiche durch die größeren, gröberen Blöcke gebildet werden. Dadurch, daß sich im Oberhang der Wandfußtrichter nicht zwingend eine Rinne anschließen muß, können diese Hohlformen nicht durch ein Zurückbleiben der Erosion der randlichen Partien erklärt werden.

Der Schnee hält sich an diesem oben beschriebenen Hangknick in allen untersuchten Gebieten bis in den Spätsommer, zum Teil sind sogar perennierende Schneeflecken vorhanden, wobei natürlich die Nordexpositionen bevorzugt sind. Dabei haben die Wände durchschnittliche Hangneigungen zwischen 40 und 60° und die anschließenden Schutthalden je nach Gestein 33–41° (s.o. und Abb. 27). Der Schneefleck in diesem Bereich ist in seine Umgebung

Abb. 26:
Nivationstrichter im Hangknick Wand-Schutthalde (Wandfußtrichter) in NE-Exposition der Torrente de la Selle (Pelvoux; Beilage 3) sowie tiefer liegende Schneereste aus Lawinen des vorangegangenen Winter. Die Wandfußtrichter sind sowohl im Anstehenden (morphologisch weiche kristalline Schiefer) als auch im Schutt eingetieft. Links im Bild die Abfolge Trichter-Runse-Schuttkegel (nivale Serie). Standpunkt auf 1850er Moräne in 2250m. – Aufnahme am 21.7.86.

Fig. 26:
Des entonnoirs de nivation dans la rupture de pente, le talus d'éboulis-de paroi (de l'entonnoir au pied du paroi) à l'exposition de NE de Torrente de la Selle (Pelvoux) ainsi que de la neige plus basse d'être originaire des avalanches du dernier hiver. Les entonnoirs au pied du paroi produissent des dépressions non seulement dans la roche en place (des schistes cristallins) mais encore dans de l'eboulis. A gauche la séquence de l'entonnoir-du couloir-du cône d'éboulis (la série nivale).

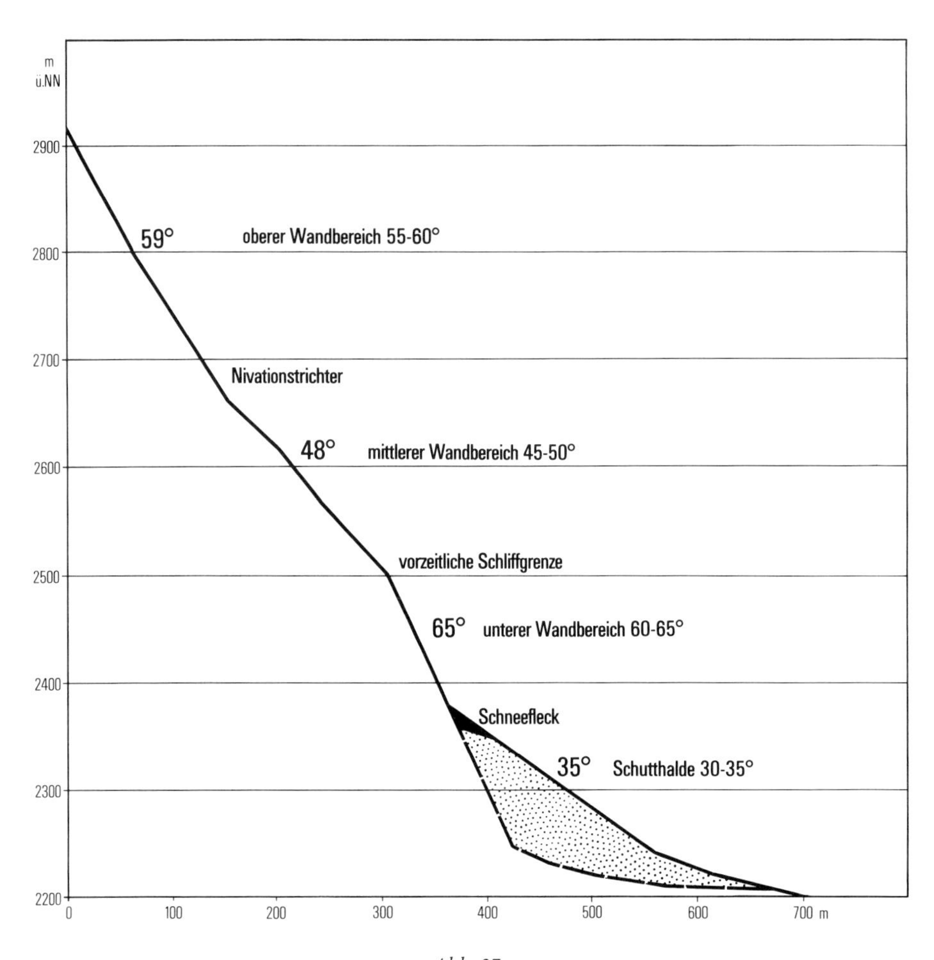

Abb. 27:
Hangprofil im Bereich der Maresenspitze (Ankogel-Gruppe)
Dieses typische Profil aus der Ankogel-Gruppe unterhalb der Maresenspitze (vgl. Abb. 5) zeigt die Gliederung dieser Karrückwand, in diesem Fall eines vorzeitlichen Glatthanges, durch Nivationstrichter (Nivationsrunsen) im mittleren Wandbereich oberhalb einer vorzeitlichen Schliffgrenze. Im unteren Wandbereich sind, bedingt durch die glaziale Unterschneidung der Karrückwand, Hangneigungen von 60–65° vorhanden. Im anschließenden Wandfußbereich, im Hangknick zwischen Felswand und Schutthalde, sind häufig länger andauernde, z.T. perennierende, trichterförmige Schneeflecken zu finden. Diese werden von mir als Wandfußtrichter angesprochen. Die Felswand kann nun unterschiedliche Hangneigungen haben, in der Regel aber über 40°, die anschließende Schutthalde hat je nach Gestein Böschungswinkel von 33 bis 41° (nach eigenen Beobachtungen und Messungen im Gelände sowie aus den topographischen Karten 1:25.000).

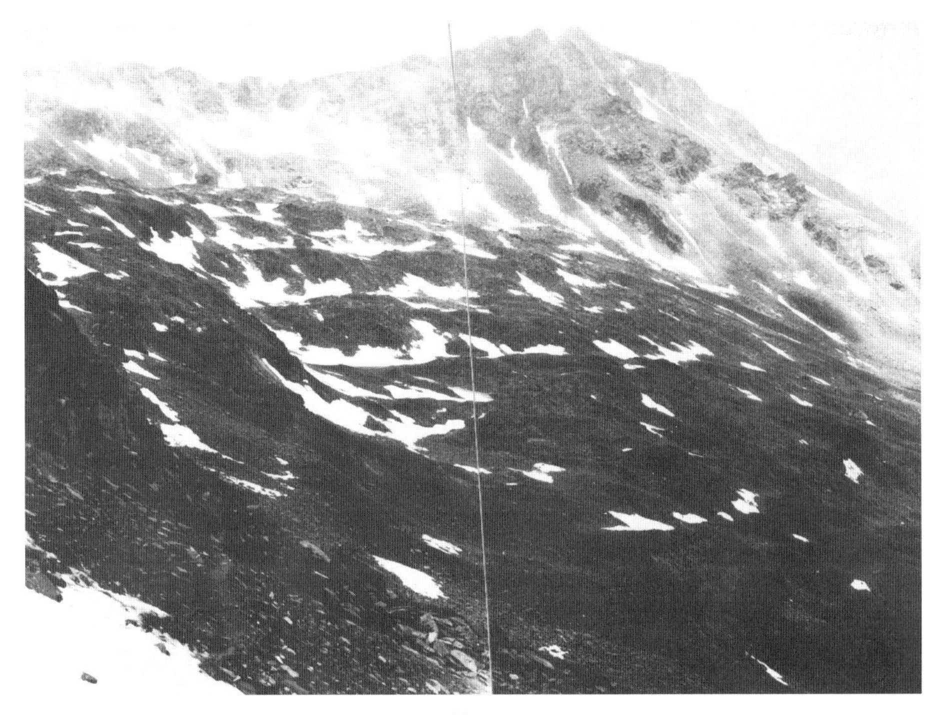

Abb. 28:
Nivationsleisten im Bleschischg-Kar (Ankogel-Gruppe; Beilage 2 u. 6) in SW-Exposition. Diese hangparallelen Leisten lehnen sich an eine glaziale Grundhöckerlandschaft an. – Aufnahme aus 2580m am 2.7.1986.
Fig. 28:
Les saillies de nivation dans le cirque de Bleschischg exposé au SW. Ces saillies parallèle au pente s'adossent contre le paysage formé par des roches moutonnées.

eingesenkt; die Dimension dieser Trichter liegt im hundert Meter Bereich. Ein besonders gutes Beispiel hierfür ist in der Ankogel-Gruppe an der nordexponierten Flanke des Seebachtales gegeben (s. Abb. 27).

Nivationsleisten und **Kryoplanationsterrassen** treten als hangparallele Schneeleisten auf, sind deskriptiv also transversale Schneeflecken, die sowohl in steilem als auch in flachem Gelände möglich sind, wobei Schneeleisten sich im Schutt und Anstehenden befinden können. Der Begriff der Kryoplanationsterrasse bezieht sich auf Erosionsleisten im Anstehenden, deren Entstehung und Weiterbildung einige Autoren dem Schnee zuschreiben[31]. Sie sind dabei natürlich, wie viele Formen und Formengesellschaften, oft strukturell gesteuert, d.h. sie lehnen sich an bestehende Klüfte und Schwächezonen im Gestein an, dessen Aufbereitung u.a. durch frostdynamische Prozesse erklärt wird und zu einer Treppung des Hanges führen

[31] Zu den Kryoplanationsterrassen s. insbesondere DEMEK (1969), der allerdings die Meinung vertrat, daß sie nur unter kontinentalen Frostklimaten entstehen können. WASHBURN (1973) und SCHUNKE (1974) wiesen sie allerdings auch unter maritimen Frostbedingungen nach.

können (ein Beispiel ist in Abb. 28 gegeben). In den Alpen sind sie wohl der nivalen Höhenstufe zuzuordnen.

Die höheren Hangpartien und z.T. auch Karrückwände können von **Glatthängen** eingenommen werden, deren Genese umstritten ist, und die Verwendung dieses Terminus erfolgt überwiegend deskriptiv.

Obwohl Glatthänge auch in anderen Klimazonen der Erde auftreten können und somit als Konvergenzformen keine Charakterformen einer nivalen Höhenstufe sind, sollen sie hier in den Alpen als Schneescheuerhänge der nivalen Höhenstufe zugeordnet werden.

Die Entstehung und Formung der Glatthänge in den Hochgebirgen der Erde wird in der Literatur durch zwei Haupttheorien erklärt:

1. Als periglaziale Glatthänge im Sinne von KLAER (1962), später hauptsächlich vertreten durch KARRASCH (1974a). Folglich handelt es sich um periglaziale Formen, die primär durch die denudative Wirkung der Solifluktion entstanden sind.
2. Als Schneescheuerhänge im Sinne von SPREITZER (1960), zuerst schon bei SCHWINNER (1933). Es folgt allerdings bei den meisten Hängen eine Konservierung dieser Schneescheuerhänge durch periglaziale Hangdenudation, d.h. auf einem, dann allerdings vorzeitlichen, Glatthang ist eine periglaziale Wanderschuttdecke entwickelt.

Dabei dürfte sowohl das Schneekriechen als auch das Abgleiten von Schneebrettern eine entscheidende Rolle spielen, im Gegensatz zu den Lawinen, die meiner Meinung nach kaum zur Glättung beitragen (wie beispielsweise PIPPAN 1973 annimmt), da sie eher den Untergrund abschürfen und somit bestimmte Bahnen in den Fels vorzeichnen, in denen sich dann in den nächsten Wintern wieder Schnee ansammeln kann und sich so eher Nivationshohlformen bilden müßten. In der Glockner-Gruppe ist wohl zusätzlich Windkorrasion[32], besonders in den feingrusig, sandig verwitternden Kalkglimmerschiefern (vgl. FRIEDEL 1969), für die Hangglättung verantwortlich. Dies läßt sich auch an der Sedimentation von Staub auf den Hochgebirgsböden im Glocknergebiet nachweisen (GRUBER 1980). Das Korngrößenmaximum liegt in der Größe 0,02–0,05mm (Rohton und Schluff) und wird mit zunehmender Höhe etwas gröber, bedingt durch höhere Windgeschwindigkeiten und somit auch Transportleistungen. Es wurden mit Hilfe von Deflametern und Proben von Schneefeldern die Flugstaubsedimentation pro Jahr ermittelt: von 66 kg/ha bis über 1000kg/ha (in der Gamsgrube 18600kg/ha als Extremwert). Dabei ist die Sedimentation in der Nähe von Bratschenhängen (Lokalbezeichnung für Glatthänge in Kalkglimmerschiefern, FRIEDEL 1969) am größten (nach GRUBER 1980).

Im Bereich von Hängen unter 35° Neigung sind die von mir beobachteten Glatthänge in der Regel schuttbedeckt und werden aus diesem Grund in der Literatur zumeist als periglaziale Glatthänge eingeordnet.

Die Glatthänge, insbesonders in der Glockner-Gruppe (vgl. Abb. 29), sind allerdings in den meisten Fällen steiler als 35° und folglich keine sogenannten periglazialen Glatthänge mit Hangneigung um 27 bis 30° und mit typisch periglaziären Prozessen der Massenverlagerung wie sie KARRASCH (1974a) beschrieben hat (siehe auch: GARLEFF 1983, S. 245)[33].

---

[32] Dabei kann der Abtrag durch Schneekorrasion erheblich stärker sein als reiner Windabtrag, wie HEMPEL (1952) in der Magdeburger Börde nachgewiesen hat.

[33] Zur Glatthangliteratur: HAGEDORN, J. (1970, 1983), GARLEFF (1983), HÖLLERMANN (1983b) dort auch weitere Literaturangaben.

Abb. 29:
Steile E-exponierte Flanke des Fuschertales (Glockner-Gruppe; Beilage 1) im Bereich der oberen Schieferhülle. Glatthänge (z.B. unter dem Hohen Dock (x), 3348m) im Wechsel mit glazialer Formung (Kare) und in einem tieferen Stockwerk, im Bereich der Trogschultern, sind stellenweise Nivationsmulden erkennbar. Rechts das Große Wiesbachhorn (3570m) mit Nivationstrichtern. Ganz links im Bild der 3898m hohe Großglockner. – Aufnahme aus 2830m am 23.8.87.

Fig. 29:
L'adret raide de Fuschertal (Glockner-Gruppe) dans les schistes cristallins. Des pentes reglées (par exemple au-dessous de Hohe Dock x3348m) changeant avec la morphogenique glaciale (des cirques). Dans l'étage plus bas, dans la région de l'épaulement d'auge, on peut connaître des cuvettes de nivations par endroits. A droite Großes Wiesbachhorn (3570m) avec des entonnoirs de nivation. A gauche, Großglockner, 3898m.

Am Fuß dieser steileren Glatthänge befindet sich in der Regel kaum Schutt. Dieser wird durch die Gletscher, die den Glatthang unterschneiden können, abtransportiert bzw. wurde von vorzeitlichen Gletschern ausgeräumt (vgl. HÖLLERMANN 1983b, S. 248ff).

Die Glatthänge sollen hier der nivalen Höhenstufe zugeordnet werden; sie stellen ein oberes Stockwerk des nivalen Formenschatzes dar, in dem die Prozesse des Schneekriechens sowie der Wind- und Schneekorrasion dominant sind (sie wurden daher gesondert in Tab. 2 ausgewiesen). Die Gründe sind wahrscheinlich in tieferen Temperaturen und einem höheren Anteil des Schnees am Gesamtniederschlag zu suchen. Tiefere, schuttbedeckte Glatthänge in der Mattenstufe sind dann als nivale Vorzeitformen einzuordnen, die lediglich durch Solifluktionsschuttdecken konserviert werden.

Zugleich ist auch eine Zuordnung zur glazialen Höhenstufe zu diskutieren, da sie zum einen in gleicher Höhenlage mit Gletschern vergesellschaftet auftreten können, zum anderen unter Gletschern und Schneeflecken Glatthänge austauen können, wie in der Glockner-Gruppe im Talschluß des Fuschertales unterhalb des Fuscherkarkopfes oder unterhalb des Ankogels (vgl. Abb. 5, 19 und 29) beobachtet werden kann. Aus diesem Grund und zur übersichtlicheren Darstellung wurden in den Kartenbeilagen 1 bis 4 Glatthänge in größeren Höhen (über der Gletscher-Schneegrenze) der glazialen Höhenstufe, sonst der jeweiligen Höhenstufe, in deren Formungsbereich sie sich rezent befinden, zugeordnet.

Insgesamt sind diese Glatthänge Vorzeitformen und teilweise älter als die glaziale Erosion[34], da sie von Gletschern teilweise unterschnitten werden bzw. unterschnitten worden sind (vgl. Abb. 6 und 27). Die jüngste Überformung, wenn sie nicht als periglaziale Glatthänge konserviert werden, kann dann durch Nivationstrichter erfolgen (vgl. Abb. 5, 22 und 27).

In den Ostalpen kommen Glatthänge durchschnittlich in Höhen von über 2700m vor (in Nordexposition bis 2300m, in Südexposition auch erst über 2900m). Es konnte in den Untersuchungsgebieten der Hohen Tauern die Tendenz zu einer bestimmten Exposition nicht festgestellt werden[35]. In den Westalpen sind Glatthänge vorwiegend im Gebiet des Queyras, hier dominierend in Südexposition, nachzuweisen. Diese klimatische Asymmetrie mit einem (periglazialen) größtenteils vegetationsfreien Glatthang in Südexposition und einer nivalen und glazialen Formung in Nordexposition, unabhängig vom geologischen Untergrund, zeigt das Luftbild-Stereopaar in Abbildung 12.

Eine solche expositions- und somit klimatisch bedingte Asymmetrie gilt ebenso für verschiedene Vegetationsformationen; so bevorzugen geschlossene Waldbestände ebenfalls die N-Exposition (s.o.), was durch die anthropogene Nutzung noch verstärkt worden ist. Derartige Asymmetrien als Ergebnis expositionsabhängiger Formung wurden von mir in erster Linie im Queyras beobachtet und von SCHWEIZER (1968) für die benachbarten Seealpen dokumentiert.

Die **Prozesse** an Schneeflecken sind allgemein durch die Schneeinlagerung und dessen Ausaperung zu verstehen. Der Schneefleck hat an seiner Schwarz-Weiß Grenze eine erhöhte Frostwechselaktivität (vgl. u.a. GARDNER 1969, THORN 1976, HALL 1980), und die

---

[34] BREMER & SPÄTH (1981) sehen diese Glatthänge als tertiäre Reliktformen, entstanden unter subtropischen Klimabedingungen, an.

[35] KARRASCH (1974a) findet dagegen in der Sonnblick-Gruppe (zwischen meinen beiden Untersuchungsgebieten gelegen) 89% aller Glatthänge in SW und S-Exposition. Dabei haben 36% aller Gipfel über 2400m Glatthänge.

Schmelzwässer am Boden (Untergrund) des Schneefleckes tragen natürlich auch zu seiner Vertiefung bei (s. HALL 1985). KARTE (1979, S. 80); auch HÖLLERMANN (1964); sowie EMBELTON & KING (1975) halten die Anlage von Hohlformen durch Nivationsprozesse für problematisch, nehmen für deren Weiterbildung jedoch durchaus auch Nivationsprozesse an (s.o.).

Der Anteil der chemischen Verwitterung aufgrund der starken Durchfeuchtung und Abspülung ist schon häufig diskutiert worden[36], wobei es natürlich schwierig ist, die chemische Verwitterung von der physikalischen zu trennen. Es wurden von mir Gesteinsproben gesammelt, um einen Anteil der chemischen Verwitterung zu ermitteln. Die anschließend von Herrn Prof. Dr. K.-H. NITSCH (Mineralogisches Institut der Universität Göttingen) durchgeführte Mineralanalyse der Zusammensetzung von Anstehendem und Verwitterungsprodukt (im kristallinen Schiefer) erbrachte allerdings keinen Beweis für eine starke chemische Verwitterung, da auch Tonminerale durch die Frostverwitterung umgewandelt und dann durch die Schmelzwässer abgeführt werden können. Meiner Meinung nach ist der Einfluß der chemischen Verwitterung allerdings aufgrund des hohen Wasserangebotes nicht zu unterschätzen und mutmaßlich höher als bislang angenommen. MIOTKE & v. HODENBERG (1980) sowie BARSCH et al (1985) weisen chemische Verwitterung selbst in der Antarktis nach. Somit dürfte der Anteil dieser Verwitterung in der nivalen Stufe im Bereich von Schneeflecken recht groß sein, da in den Alpen in dieser Höhenstufe höhere Temperaturen und eine größere Durchfeuchtung als in der Antarktis gegeben sind. Weitere Untersuchungen in diese Richtung sind noch erforderlich, um den Anteil der chemischen Verwitterung zu quantifizieren.

Die Prozesse, die an Nivationshohlformen ablaufen, wurden von THORN und auch von HALL über längere Zeiträume beobachtet. Die erzielten Ergebnisse und Messungen (insbesondere HALL 1985) ergaben, im Gegensatz zu anderen Untersuchungen (s.o.), daß die Formung weniger durch verstärkte Frostwechselprozesse an den Rändern des Schneefleckes geprägt wird als im allgemeinen angenommen. Dagegen sind für die Tieferlegung solcher Nivationsformen zum einen der Transport von Material über dem Schneefleck, was bei steileren Hängen zu den sogenannten Schneehaldenmoränen bzw. Wandfußtrichtern führen dürfte, und zum anderen die Bereitstellung von Feinmaterial und Schmelzwasser am Grunde des Schneeflecks wesentlich bedeutender: also entweder absolute Erosion und/oder relative Erosion der Nivationshohlformen. Der wassergesättigte, feinmaterialreiche Untergrund des Schneeflecks ist nach einem eventuellen völligen Ausschmelzen im Spätsommer besonders geeignet für eine denudative Weiterverlagerung des Materials durch Solifluktionsprozesse, aber auch durch Mudflow-ähnliche Materialverlagerungen (Muren)[37]. HALL schlägt vor, daß die Nivationshohlformen im Vergleich zu der umliegenden Umgebung als Orte erhöhter Transportaktivität zu bezeichnen sind. Leider liegen über Prozesse und Prozesskombinationen in der Umgebung von länger anhaltenden Schneeflecken und Nivationshohlformen noch

---

[36] SCHUNKE (1974), THORN (1976, 1979a, 1980), THORN & HALL (1980) sowie WHITE (1976) rechnen mit einer Intensivierung der chemischen Verwitterung aufgrund der starken Durchfeuchtung. THORN (1976, S. 1169) nimmt eine um den Faktor 2 bis 4 verstärkte Verwitterung in der Umgebung von Schneeflecken an. Vgl. auch WILLIAMS (1949).

[37] Von den Nivationsformen können Muren ausgehen. Besonders gute Beispiele hierfür lassen sich im Seebachtal (Ankogel-Gruppe, vgl. Abb. 31 und Beilage 6) oder auch in den französischen Alpen, insbesonders in den Schiefern (schistes noirs) finden.

zu wenig Ergebnisse und Meßreihen vor, und weitere Untersuchungen in dieser Richtung sind erforderlich.

Schließlich sei noch erwähnt, daß Schneeschurf vorwiegend bei steileren Formen entscheidend sein kann (zum Problem des Schneekriechens vgl. HAEFELI 1954, WILHELM 1975). In steilen Felswänden sind zumeist nur Runsen vorhanden (s.o., z.B. Pelvoux-Granit), die vor allem durch Frostverwitterung initial entlang von Klüften und anderen Schwächezonen des Gesteins entstanden sind und durch den Schnee weitergeformt werden. In diesen steilen Wänden überdauern die Schneeflecken nicht so lange wie im Bereich des Hangknickes zwischen Wand und daran anschließender Schutthalde (Wandfußtrichter). Hier ist im Winter zusätzlich mit einer Formung durch Lawinen zu rechnen.

Die Tabelle 2 stellt einen Versuch dar, die Formen der Schneeflecken sowie Lawinen (und Glatthänge) als Fremdlingsformen der nivalen Höhenstufe in bezug auf die Bewegung des Schnees sowie Verwitterung, Erosionsprozesse und deren Sedimente schematisch einzuordnen.

Die Abgrenzung zur glazialen Höhenstufe erscheint zunächst einfach: wo Gletscher existieren, wird von ihnen das Relief geformt und komplett bedeckt – es können keine Nivationsformen entstehen[38]. Diese sind jedoch häufig in Karrückwänden zu finden, so daß es in den von mir untersuchten alpinen Gebieten eigentlich keine Obergrenze nivaler Formung gibt. Wegen des von mir gewählten Ansatzes der landschaftsbestimmenden Formung (s.o.) ist die Obergrenze im Bereich der Dominanz rezenter glazialer Formung, d.h. im Bereich der rezenten Gletscher und Kare, zu suchen, und die Karrückwände mit Nivationsformen sind somit quasi Fremdlingsformen in der glazialen Stufe.

Die Optimalzone nivaler Formung ist meiner Ansicht nach in den Alpen im Bereich der klimatischen Schneegrenze auf Gletschern anzusetzen. Hierauf wird im folgenden Kapitel noch näher eingegangen.

In der nivalen Höhenstufe liegen die **Jahresmitteltemperaturen** in den von mir untersuchten Gebieten zwischen –1 und –4 °C (s. Abb. 33 und Tab. 6 für Temperatur und Niederschlag an der nivalen Untergrenze und der Gletscher-Schneegrenze). Der Anteil des festen Niederschlags am Gesamtniederschlag beträgt mehr als 70% und selbst in den Spätsommermonaten sind mindestens 10 Tage mit Schneedecke pro Monat zu beobachten (siehe Abb. 9 und 10). Bedingt durch die Windverdriftung des Schnees kommt es zu einer ungleichen Verteilung der Schneedecke; es bilden sich Deflationsvollformen (Barflecken) und Nivationshohlformen (vgl. Abb. 18). Man kann zwischen perennierenden und episodischen Schneeflecken differenzieren. Ihre Anzahl und Höhenlage ändert sich im Verlauf des Sommers (sie steigt mit der temporären Schneegrenze) und ist auch von Jahr zu Jahr unterschiedlich, da sie stark von klimatischen Faktoren wie Sommertemperatur, Höhe der Schneedecke, Exposition etc. abhängig ist.

Die Untergrenze der **nivalen Pflanzenregion** beginnt erst bei der klimatischen Schneegrenze und deckt sich daher nicht mit der Untergrenze der nivalen Formung. Allerdings ist die tiefer herabgreifende sogenannte Schneetälchenvegetation für die nivale Formungsregion typisch.

---

[38] Ähnlich wie es HÖVERMANN (1957) für das Tegernseegebiet beschrieben hat, wo vorzeitliches Periglazial in Höhen zwischen 1400 und 1800m fehlt, da Gletscher das Relief während der Eiszeiten in dieser Höhenlage bedeckten und der rezente und subrezente periglaziale Formenschatz erst ab 1800m einsetzt.

Tabelle 2:
Übersicht der verschiedenen Nivationsformen und deren Prozesse

	Formen der Schneeflecken	Bewegung des Schnees	Verwitterung	Erosionsprozesse	Sedimente
überwiegend in der nivalen Höhenstufe	Nivationsmulden – rund – transversal	stationär	mechanisch-	(Schmelzwasser, Solifluktion)	Schmelzwasser-sedimente /
	Nivationstrichter, Nivationsrunsen – longitudinal	langsam	chemisch	Schneeschurf Schuttgleiten auf der Schnee-oberfläche	Feinmaterial Schutt (protallus ramp./ Schneehaldenm.)
teilweise Fremdlings-formen	Rinnen / Runsen (Furchen- und Rinnennivation) Lawinenbahnen (Nivationsrunsen)	schnell	mechanisch	Erosion durch: Schnee und/ oder Schutt auch in Lawinen (Schneeschurf), Abspülung	Schutt
Glatthänge		kriechend	mechanisch	Erosion durch: Schutt und /oder Schnee, zusätz-lich Korrasion(?)	Feinmaterial (Schutt)

Die Untergrenze meiner nivalen Höhenstufe befindet sich in der hochalpinen bzw. subalpinen Stufe der Botaniker, somit an der Obergrenze der alpinen Matten, die sich hier fleckenhaft auflösen.

Als nival wird in der Geobotanik der gesamte Raum oberhalb der klimatischen Schneegrenze verstanden[39]. Der Boden ist hier nur noch von vereinzelten Polstern, die insbesondere von Dicotyledonen gebildet werden, bedeckt. Die hochnivale Stufe besteht nur noch aus einzelnen Vorkommen von extrem angepaßten Arten in Felsspalten sowie Polsterpflanzen und Moosen (Thallophyten) und sind somit zumeist auf lokalklimatisch begünstigte Standorte beschränkt. ELLENBERG (1978, S. 600) weist darauf hin, daß in den Alpen selbst höchste Gipfel eisfrei sein und dort noch Pflanzen vorkommen können. Eine darüberliegende glaziale Stufe kann es natürlich in vegetationskundlicher Hinsicht nicht geben, da auf Gletschern, außer auf Moränenmaterial, natürlich keine Pflanzen wachsen.

Besondere Pflanzengesellschaften bilden sich in den sogenannten Schneetälchen, wo durch länger liegenden Schnee die Vegetation zurückbleibt und artenärmere Gesellschaften existieren. Bei einer Aperzeit von weniger als zwei Monaten sind kaum noch Phanerogame, sondern nur noch Flechten und Moose vorhanden (ELLENBERG 1978, S. 562ff). In Lawinenbahnen können sie bis weit in tiefere Regionen hinabreichen.

In Silikatgesteinen sind diese Schneetälchengesellschaften besser entwickelt sowie artenreicher als in Karbonatgesteinen und lassen sich (nach OZENDA 1988, S. 252) je nach Dauer der Schneedecke in drei Assoziationen unterscheiden: *Polytrichetum sexangularis* (ca. 10 Monate Schneebedeckung), *Salicetum herbaceae* und *Caricetum foetidae* (ca. 8 Monate Schneebedeckung).

Zur Schneedeckenandauer im Relief und der daraus resultierenden Vegetationsverteilung, bedingt durch unterschiedliche Aperzeiten unter Berücksichtigung der ökologischen Aussagen siehe u.a. FRIEDEL (1961), KÖLBEL (1984). In der Arbeit von KÖLBEL werden mit Hilfe von Luftbildern Karten der Schneeausaperung im Maßstab 1 : 5000 erstellt. Bei der Schneeausaperung werden Muster sichtbar, die als Ausdruck der wind- und reliefbedingten Schneehöhenunterschiede auch Aufschluß über die räumliche Differenzierung des Mikroklimas und die damit verbundenen ökologischen Verhältnisse geben (KÖLBEL, S.155). Dabei stimmt das Schema der Ausaperung im wesentlichen mit der Verteilung der Pflanzengesellschaften im Gelände überein. Die Beeinflußung der Schneeausaperung durch die Vegetation ist nur im Bereich der Waldgrenze und unterhalb gegeben, weiter oberhalb ist ausschließlich die Geländeform für die Schneedeckenverteilung verantwortlich. Bei einem Vergleich von drei verschiedenen Jahren wurde eine geringe jährliche Variation festgestellt, die bei Lawinenhängen größer und im Bereich von Skipisten geringer ist.

RAU (1986) entwickelt aus der Literatur und nach Geländebeobachtungen ein Modell, das die Schneedeckenzeiten in hochalpinen Lagen in verschiedene Phasen einteilt, um Aussagen über die hydrologischen Eigenschaften eines hochalpinen Schneedeckenspeichers treffen zu können.

Der **Faktor Gestein** spielt bei der Ausbildung nivaler Formen genauso eine wichtige Rolle wie auch bei den periglazialen und sogar den glazialen Formen (s.o.).

Nivationsformen sind in morphologisch weichen Gesteinen am deutlichsten ausgebildet. Zudem sind sie oft an schwächere Gesteinszonen und Klüfte etc. angelehnt und daher in gewisser Weise strukturgesteuert.

---

[39] Auf die Problematik der klimatischen Schneegrenze wird im folgenden Kapitel näher eingegangen.

Daß dabei nicht nur das Gestein sondern auch das Relief eine Rolle spielt, soll nicht bestritten werden. Darauf wird im folgenden noch näher eingegangen. Weiche (kristalline) Schiefer erweisen sich als besonders günstig für die Herausarbeitung von Nivationsformen, wobei die Formung in diesen Gesteinen auch relativ schnell vor sich zu gehen scheint, da Nivationstrichter auch innerhalb des erst seit dem Spätglazial eisfrei gewordenen Bereichs entwickelt sind, wie anhand von Gletscherständen nachweisbar ist.

Ein Beispiel für vorzeitliche Nivationsformen im Bereich der Mattenstufe ist in Abbildung 6 gegeben. Es findet dort keine rezente Weiterbildung statt, da eine geschlossene alpine Matte in dem Nivationstrichter ausgebildet ist. Diese könnten zeitlich z.B. in die von VEIT (1988) und GAMPER (1985, 1987) beschriebene Kaltphase ca. 3300–2900 B.P. gehören (s.o., S. 31 u. 33). In den kristallinen Schiefern, besonders in den Schieferhüllen der Hohen Tauern, sind auch die Glatthänge am deutlichsten ausgeprägt, während sie im harten Pelvoux-Granit fast völlig fehlen. Diese Glatthänge können nun in den kristallinen Schiefern durch Nivationsformen aufgelöst werden und sind dann als Vorzeitformen zu diagnostizieren.

In den harten Graniten und Gneisen z.B. der Ankogel-Gruppe oder des Pelvoux-Massivs ist die nivale Formung in steileren Hangabschnitten nur embryonal vorhanden, es finden sich hier nur selten gut entwickelte Nivationstrichter, eher schon Nivationsrunsen, was natürlich an der wesentlich langsameren Verwitterungsgeschwindigkeit dieser Gesteine liegt. Auch werden in diesen Bereichen in flacheren Hangabschnitten lediglich schon vorhandene Reliefunterschiede durch Schneeflecken prononciert, insgesamt aber nur wenig weitergeformt, so daß auch aus diesem Grunde hier die glazialen Vorzeitformen am deutlichsten konserviert wurden.

In morphologisch weicheren Gesteinen z. B. den kristallinen Schiefern kann sich eine zweiteilige nivale Formung bilden: ein unteres Stockwerk mit Nivationstrichtern und Nivationsmulden etc. sowie ein oberes Stockwerk mit Schneescheuerhängen (Glatthängen). Dabei können sich dann auch mehrere Reliefgenerationen überlagern: d.h. ein vorzeitlicher Glatthang (oberes nivales Stockwerk) wird unter rezenten Klimabedingungen (die Höhengrenzen haben sich nach oben verschoben, es ist wärmer und/oder trockener geworden) durch Nivationstrichter zerschnitten (Beispiel: Leiterkopf, Glockner-Gruppe, s. Abb. 22).

Bei der Betrachtung des Einflusses des **Reliefs** auf die Ausbildung und Verbreitung nivaler Formen ist zunächst zu unterscheiden zwischen der allgemeinen Abhängigkeit der Formen von der Hangneigung sowie der unterschiedlichen Begünstigung durch bestimmte Geländeformen.

Die oberen Hangabschnitte sind in der Regel die steilsten (Gipfelpyramiden, Karrückwände etc.) und in diesen sind Nivationstrichter dominierend (in kristallinen Gesteinen) oder aber auch zahlreiche Runsen, in denen gravitative Prozesse (Steinschlag) sowie fluvionivale Prozesse für die Ausbildung mitverantwortlich sein können. In diesen steilen Hangabschnitten sind auch die bereits oben näher beschriebenen Glatthänge entwickelt, die bei diesen über 40° steilen Hängen wohl eher als Schneescheuerhänge denn als periglaziale Glatthänge zu deuten sind (bzw. ältere Bildungen darstellen, siehe Diskussion oben). In flacheren Hangabschnitten (27–35°) sind sie von Solifluktionsschuttdecken überlagert.

In Übergängen von flachem zu steilerem Relief und in flacheren Hangabschnitten können sich jetzt die bereits oben beschriebenen Nivationsleisten und Kryoplanationsterrassen bilden (vgl. S.53f u. Abb. 28).

Desweiteren sind in Hangknicken zwischen den steileren Rückwänden und den sich anschließenden Schutthalden Nivationsformen zu finden (Wandfußtrichter, s.o.).

Im flacheren Relief können sich nun eine Vielzahl von Nivationsformen bilden. Es sind dies im einzelnen Nivationsmulden oder auch langgestreckte Schneetälchen, die sich durch eine besondere Vegetationsgesellschaft auszeichnen. Es soll hier aber nicht versucht werden, eine Systematik der verschiedenen Nivationsformen aufzuzeigen, da diese Formen in diesem flachen Relief in erster Linie von der Reliefgunst (s.o.), d.h. von dem Ausgangsrelief abhängig sind. Dabei werden z.B. in einer vorzeitlichen Rundhöckerflur die Tiefenlinien durch lang andauernde Schneeflecken geprägt und weitergeformt. Hier wirkt in erster Linie nicht die Struktur sondern das Ausgangsrelief bestimmend. BERGER (1964) veranlaßte eine solche Rundhöckerflur (Trögeralm im Glocknergebiet) zur Einordnung in ein unteres, nivales Stockwerk. Dabei kann in solchem, durch Vorzeitformen bestimmten Ausgangsrelief, die Wirkung nivaler Prozesse außerordentlich gering sein. Desweiteren kann man wohl die Schneefleckenlandschaft unterhalb des Ankogels (Abb. 19) anführen; beide Beispiele sind in den Detailkarten (Beilage 5 und 6) zu finden.

In derartigen Verflachungen im Relief der Alpen, wobei es sich in der Regel um Karböden, Trogschulterbereiche und Altflächenreste handelt, können sich periglaziale Formen, zumeist Solifluktionsformen, mit Schneeflecken abwechseln. Die Schneeflecken lehnen sich dabei an Hohlformen an, was im Frühsommer zu einer Schneefleckenlandschaft führt. Im Spätsommer lassen sich diese Hohlformen noch sehr gut erkennen. Sie sind häufig mit stark durchfeuchtetem Feinmaterial gefüllt, in denen Formen der ungebundenen Solifluktion zu beobachten sind, während die benachbarte, zumeist erhabene Geländeoberfläche von alpinen Matten mit Formen der gebundenen Solifluktion, zumeist Girlanden, geprägt wird.

Es sei nochmals betont, daß in der nivalen Höhenstufe durch verschiedene Prozesse und Prozesskombinationen (Hohl-)formen herausgearbeitet werden, während in der periglazialen Höhenstufe die Tendenz Reliefunterschiede vorwiegend durch die periglaziale Solifluktion zu verhüllen vorherrscht.

5. Glaziale Höhenstufe

In der glazialen Höhenstufe oder auch Gletscherzone im Sinne von BÜDEL bzw. WILHELMY sind glaziäre Prozesse vorherrschend (vgl. Tab. 1). Bei einer Formenanalyse muß man zwischen den Formen der glazialen Akkumulation sowie den Formen der Glazialerosion unterscheiden.

Die glazialen Formen, insbesondere die glazialen Erosionsformen, bilden in den Alpen im Wechsel mit nivalen Formen und Glatthängen die höchste Formungsregion (vgl. Abb. 29).

Die **glazialen Akkumulationsformen,** wie Moränen und glazifluviatile Schotterfluren, scheiden als Kriterien für die Ausweisung einer Höhenstufe im Sinne der landschaftskundlichen Diagnose aus, da sie als Fremdlingsformen weit in andere Regionen (wie auch die periglazialen Frostschutthalden, s.o.) hinabreichen können. Dies gilt natürlich besonders für große Talgletscher, die die gesamte periglaziale Stufe durchstoßen können und teilweise sogar bis in die gemäßigt-humide Höhenstufe hinabreichen. Als Beispiele sollen hier die Pasterze in der Glockner-Gruppe, das Großelendkees in der Ankogel-Gruppe sowie Glacier Blanc und Glacier Noir im Pelvoux-Massif angeführt werden (vgl. die Beilagen 1 bis 4).

Das gesamte alpine Relief ist durch die **Formen** der vorzeitlichen **Glazialerosion** (Kare, Rundhöcker, Tröge, Trogschultern etc.) geprägt. Ein Beispiel für ein glaziales Trogtal bietet Abbildung 30. Diese Vorzeitformen werden in der Tendenz der jeweiligen Höhenstufe, in der

Abb. 30:
Glaziales Trogtal des Seebachtales (Ankogel-Gruppe; Beilage 2 u. 6) talabwärts aus 1675m fotografiert. Gut erkennbar ist auch die spät- und postglaziale Verschüttung des Talbodens durch Schuttkegel und -halden, z.T. mit aktiven Murbahnen (rechts im Bild). – Aufnahme am 17.9.1986.
Fig. 30:
La vallée d'auge de Seebachtal en aval. On peut bien connaître le remplissage du fond de la vallée par des cônes ou des talus d'éboulis partiellement par des couloirs torrentiels (à droite) dans le tardi-glaciaire et post-glaciaire.

sie sich gegenwärtig befinden, durch rezente geomorphologische Prozesse weitergeformt, und es findet seit dem Spätglazial eine Zerschneidung des stufigen Glazialreliefs, vorwiegend in der humiden Höhenstufe, durch die fluviale, lineare Erosion statt. Die Geschwindigkeit dieser Prozesse und Prozesskombinationen ist zum einen von der Petrovarianz und dem Ausgangsrelief, zum anderen von der jeweiligen Formungsregion abhängig.

Diese vorzeitliche glaziale Formung überprägt das präglaziale Ausgangsrelief[40], welches die glaziale Übertiefung und Versteilung maßgeblich beeinflußt. Dieses ist zumeist eine fluvial angelegte Tälerlandschaft. In den Ostalpen kann man nun von einer zweistöckigen tiefen glazialen Abtragungslandschaft sprechen: hier lehnen sich die Glazialformen in größeren Höhen an ein altes Flachniveau an. Die Überformung in den verschiedenen Altflächen und präglazialen Talniveaus unterscheidet sich von der glazialen Formung der Westalpen, wo zu-

[40] Hiermit sind in erster Linie die verschiedenen Altflächenreste gemeint. In den Ostalpen das Firnfeldniveau (im Bereich der rezenten glazialen Formung) und das Flachkarniveau sowie zum Teil das sogenannte Hochtalsystem. Hierzu: SPÄTH (1969), SEEFELDNER (1973), BÜDEL (1981), BREMER & SPÄTH (1981), TOLLMANN (1986a) sowie die dort zitierte Literatur.

meist ganztalige Trogtäler das Landschaftsbild prägen, und hier ist für die Ausbildung von Karen aufgrund der großen Steilheit bis hinauf zu den höchsten Höhen kaum Platz, und die Trogtäler enden mit tiefen und steilen Trogschlüssen (vgl. LOUIS & FISCHER 1979, S. 481). Als Beispiel aus dem Pelvoux-Massiv soll hier das steile Trogtal der Vénéon sowie der steile und zugleich tiefe Trogschluß am Glacier Noir angeführt werden.

Die Leitformen der Glazialerosion und zugleich einer glazialen Stufe sind die Kare, bei denen es sich um „...gesellig auftretende, rückwärts und seitlich von Wänden umrahmte, in eine Hochscholle von irgendwelcher Gestaltung, eingesenkte, sesselförmige, rundliche oder längliche Nischen ...“ handelt (nach MAULL 1958, S. 379). Als initiale Vorform der Kare werden neben Quelltrichtern oder Talschlüssen auch Nivationstrichter diskutiert (BOWMAN 1916, MAULL 1958 s.o.).

Man kann nach MAULL verschiedene Kartypen unterscheiden: Quelltrichterkare, Talschlußkare, Hochtalkare, Schlucht- und Wandnischenkare, Wannenkare und Großkare. In den von mir untersuchten Gebieten kommen in der Regel alle Kartypen vor. Wannenkare dominieren dabei in den Ostalpen und sind zumeist an Altflächenreste gebunden. Aus dem gleichen Grund sind hier auch Großkare häufiger als im Pelvoux-Gebiet, wo bedingt durch das steilere Relief kaum Trogschultern vorhanden sind und zumeist steile, wenig übertiefte Kare oder Schluchtkaren (Couloirs) entwickelt sind.

Die glazialen Erosionsformen unterscheiden sich von den Nivationsformen durch ihre Größe. Die Größenordnung glazialer Kare (lichte Weite) liegt in der Regel im Bereich von hunderten von Metern bis einigen Kilometern, während die Nivationsformen eine Zehnerpotenz kleiner sind (vgl. Abb. 31). Die Übergänge sind z.T. fließend und daher wird in der Literatur der Ausdruck Nivationskar, bei dem es sich um eine kleine karähnliche Form handelt (Karoid), verwendet (s. BOWMAN 1916, LOUIS 1952, RAPP 1982). Überdies ist die glaziale Formung wesentlich „plumper“, d.h. weniger prononciert, als die nivale Formung. Als Hauptunterscheidungskriterium gilt die glaziale Übertiefung, was auch in den Indizes von DERBYSHIRE & EVANS (1976) zum Ausdruck kommt, wo zwischen Nivationsformen, Nivationskaren und Karen differenziert wird.

Die Rückverlegung der Karrückwände wird, ebenso wie bei der Schnee-Erosion, durch erhöhte Frostwechselaktivität an der Grenze Eis-Fels, u.a. am Bergschrund, begünstigt.

In den **Ostalpen** ist daher aus oben genannten Gründen häufig der sogenannte alpine Gletschertyp mit Firnfeld und Zunge zu finden, im Bereich der Glockner-Gruppe sind weitgespannte Firnmulden z.B. im Nährgebiet der Pasterze vorhanden. Spätglaziale Kare sind ebenfalls an diese Altflächenreste gebunden (s.o.), und in diesen Karböden ist der rezente periglaziale und nivale Formenschatz besonders gut entwickelt.

Im **Pelvoux Massiv** überwiegen aufgrund des steilen Reliefs zumeist Tal-, Wand- und Schluchtgletscher.

Altflächenrelikte im Gebiet des **Queyras** haben hier mutmaßlich die spätglaziale Anlage sogar von Wannen- und Großkaren begünstigt. Die rezente glaziale Formung beschränkt sich hier auf einige kleinere Kar- und Wandgletscher sowie Firnfelder.

Die Gletscher können als Fremdlingsformen in tiefere Regionen hinabreichen und unterdrücken die dort sonst vorherrschende Formung. Die Karrückwände können wiederum von Nivationsformen und Runsen, aber auch durch Glatthänge, gebildet werden.

Nivale Formen können somit bis in die höchsten Gipfelregionen – sofern sie nicht vergletschert sind – auftreten. Die nivale Formung endet daher nicht im Bereich der Schneegrenze auf Gletschern, sondern reicht noch darüber hinauf. Eine Obergrenze müßte natür-

Abb. 31:
Rechts im Bild das SW-exponierte Grubenkar (Anlauftal, Ankogel-Gruppe; Beilage 2). Unterhalb des kleinen rezenten Gletschers zahlreiche Nivationsformen (zumeist Trichter) sowie anschließende Rinnen- und Furchennivation. Etwas tiefer ist eine glazial bedingte Stufe erkennbar. – Aufnahme aus 2900m am 2.7.1986.

Fig. 31:
A droite le cirque de Grubenkar exposé au SW (Anlauftal, Ankogel-Gruppe). Au-dessous de petit glacier actuel, de nombreuses formes de nivation (en premier plan des entonnoirs) ainsi que la nivation du sillon et da la rigoles suivante.

lich im Bereich des nur theoretisch im alpinen Gelände möglichen Niveaus 365 liegen (s.u.), da aber durch den Wind der Schnee stellenweise total verdriftet wird und an anderen Stellen akkumuliert wird, ist diese Grenze, die sich zudem schwer klimatologisch fassen läßt, schwierig zu bestimmen. In dieser Arbeit wurde daher die Schneegrenze auf Gletschern zum Vergleich herangezogen. Sie ist allerdings auf den Gletschern aus lokalklimatischen Gründen ca. 200–300m tiefer als im umliegenden Fels.

Da aber in diesem höheren Bereich die glaziale Formung durch ihre Unterschneidung der höheren Wände das Landschaftsbild prägt, sind die Nivationsformen über der Schneegrenze somit eigentlich lokale und nicht landschaftsbestimmende Formen. Die Obergrenze müßte folglich im Bereich der Schneegrenze im Fels liegen (s.o.).

Die Schneegrenze auf Gletschern bietet sich auch aus dem Grund zum Vergleich an, da sie relativ einfach zu ermitteln ist. Dabei wird für die Schneegrenze auf Gletschern (nach MESSERLI 1967, S. 196ff, hier auch Schneegrenzdiskussion) oder nach HEUBERGER (1980) besser der Terminus **Gletscher-Schneegrenze** anstatt orographische Schneegrenze benutzt und aus einzelnen lokalen Schneegrenzen ermittelt. WILHELM (1975, S. 97) schlägt vor, von klimatischer Gleichgewichtslinie (GWL) zu spechen.

Für die auf gletscherfreiem Gebiet ca. 300m höher liegende Schneegrenze ist in der Literatur die Untergrenze der Dauerschneedecke oder auch der Begriff **Niveau 365** eingeführt worden (LLIBOUTRY 1965, S. 439). Eine Diskussion hierüber findet sich bei ZINGG (1954), der versucht hat, dieses Niveau in den Schweizer Alpen zu bestimmen. Die größte Schwierigkeit dabei besteht aber in dem Mangel an Beobachtungen und dem Fehlen von Klimastationen in dieser Höhenlage und das selbst in einem so gut entwickelten und erschlossenen Hochgebirge wie den Alpen (zur Bestimmung der klimatischen Schneegrenze sowie des Niveau 365 s. ESCHER 1970, 1973). Zusätzlich ist das Niveau 365 definiert als die Dauerschneebedeckung (365 Tage) auf einer horizontalen, mit 0° geneigten Fläche, die es natürlich im Hochgebirge nicht gibt. Dies unterstreicht die Bedeutung der Gletscher-Schneegrenze als wichtige, relativ leicht zu ermittelnde Höhengrenze. Sie besitzt einen gewissen klimatischen Aussagewert, auch wenn es noch nicht gelungen ist, die klimatischen Parameter genau fassen zu können und bleibt daher besonders für klimageomorphologische Fragestellungen und die Festlegung von hypsometrischen Grenzen sehr wichtig.

Eine weitere Schwierigkeit ergibt sich in der Diskussion der verschiedenen Schneegrenzbegriffe und den Methoden ihrer Bestimmung, die bisher noch zu keinem allgemein akzeptierten und eindeutigen Ergebnis geführt hat (GROSS, KERSCHNER & PATZELT 1976, HEUBERGER 1980).

Es wurden für die verschiedenen Gebirgsgruppen Schneegrenzberechnungen durchgeführt. Dabei wurden zunächst die Schneegrenzen nach der Methode LOUIS (1955) und der Methode nach v. HÖFER (1879) in den einzelnen Gebirgsgruppen berechnet und für acht Expositionen aufgetragen und daraus dann eine klimatische Schneegrenze gemittelt. Es wurde also das arithmetische Mittel aus der Gletscherendlage und dem höchsten Gipfel (LOUIS 1955) bzw. der Gletscherendlage und der mittleren Kammumrahmung (v. HÖFER 1879) gebildet. Bei der Berechnung der mittleren Kammumrahmung wurde nur der Teil des Kammes miteinbezogen, der oberhalb des zuvor nach der Methode LOUIS errechneten Schneegrenze lag, und es wurden nur Kammbereiche berücksichtigt, die zur Ernährung des Gletschers beitragen, somit oft Teile des S-exponierten Kammes ausgelassen. Diese beiden errechneten Schneegrenzwerte verlaufen für verschiedene Gebirgsgruppen nahezu parallel, die nach der Methode LOUIS ermittelten Werte liegen natürlich etwas höher (um ca. 80m, vgl. Tab. 3). Daß diese Methoden mit Fehlern behaftet sind und teilweise zu hohe Werte ergeben und natürlich auch die Fläche des Gletschers nicht mitberücksichtigen, ist dem Autor klar. Es wurden aber diese leicht anwendbaren und schnell überprüfbaren Methoden verwendet, auch um mit einer einheitlichen Methode einen besseren Vergleich zwischen den einzelnen Gebirgsgruppen ziehen zu können. Die 2:1 Flächenteilungs-Methode (GROSS, KERSCHNER & PATZELT 1976) wurde nicht angewandt, da besonders in den französischen Alpen viele Gletscher für diese Methoden ungeeignet waren, da sie oft nicht dem alpinen Idealtyp entsprechen. Die Schneegrenzberechnungsmethode nach KUHLE (1986) wurde an einigen Gletscher durchgeführt, ergab aber bei den französischen Gletschern offensichtlich falsche Werte (mit bis zu 500m Abweichung von der realen Gletscher-Schneegrenze).

Die orographische **Schneegrenze** liegt nach den Angaben von GROSS (1983, S. 64), in den **Hohen Tauern** in Nordexposition bei ca. 2700m und in Südexposition bei ca. 2970m. Dieser gravierende Unterschied ist wohl nicht nur durch die strahlungsbedingte Exposition, sondern auch durch die höheren Niederschläge und die damit verbundene größere Bewölkung zu erklären. Die Unterschiede zwischen Ost- und Westexposition sind dagegen nur gering.

Nach GROSS (1983) sowie eigenen Kalkulationen befindet sich die klimatische Schneegrenze in der Glockner-Gruppe in ca. 2820m und in der Ankogel-Gruppe in ca. 2750m. Unter Berücksichtigung der Gipfelmethode nach LOUIS (1955) errechnen sich Höhenlagen von 2892m bzw. 2850m.

In den Westalpen wird für das **Pelvoux-Massiv** die Gletscher-Schneegrenze in der Literatur (VIVIAN 1975, S. 184) mit ca. 3000m angegeben. Meine Berechnungen ergaben für das Pelvoux-Gebiet eine Schneegrenze von ca. 2990m bzw. nach der Gipfelmethode 3069m. Im **Queyras** läßt sich die Schneegrenze schwer bestimmen, da hier nur wenige Gletscher im Bereich des Mt. Viso vorhanden sind. Sie dürfte sich in einer Höhe von 3200–3250m befinden, der in der Literatur angegebene Wert von 3150m (VIVIAN 1975) trifft wohl für die N-Exposition zu, erscheint mir aber als klimatische Schneegrenze zu niedrig, da Gipfel in dieser Höhenlage z.T. noch unvergletschert sind. Die Expositionsunterschiede, insbesondere zwischen der Nord- und Südexposition, sind hier größer als in den Ostalpen; sie betragen mindestens 300m.

Tabelle 3:
Die klimatische Schneegrenze in den verschiedenen Untersuchungsgebieten anhand eigener Berechnungen und Literaturangaben

Gebiet	nach Methode LOUIS (1955)	v. HÖFER (1879)	Literatur		der Berechnung zugrundeliegender Wert
1) GLOCKNER	2892m	2817m	2817m	(GROSS 1983)	2800m
2) ANKOGEL	2850m	2765m	2741m	(GROSS 1983)	2800m
3) PELVOUX	3069m	2984m	3000m	(VIVIAN 1975)	3000m
4) QUEYRAS	ca. 3200–3250m		3150m	(VIVIAN 1975)	3200m
5) DENTE DU M.	2831m	2774m	ca. 2800m	(2700?) (f. die Schweiz:	2800m
6) BERNARD	3061m	2998m	ca. 3100m	MÜLLER et. al. 1976,	3050m
7) GEMMI	2845m	2816m	ca. 2850m	nach Schneegrenzkarten u.	2800m
8) FURKA	2833m	2793m	ca. 2800m	Angaben der Firnlinie 1973)	2800m

Für die Untersuchungsgebiete in den Schweizer Alpen, die zur Ergänzung und zum Vergleich mit den Hauptuntersuchungsgebieten dienen sollen, wurden ebenfalls die Untergrenzen periglazialer und nivaler Formung sowie die Wald- und Schneegrenze ermittelt. Eine Übersicht der errechneten Schneegrenzwerte sowie der Angaben in der Literatur gibt Tabelle 3. Für die Kalkulationen wurden Mittelwerte genommen, die den wahren Verhältnissen recht nahe kommen dürften.

6. Polyzonale Formen und Prozesse

Es sollen hier morphologische Prozesse und Prozesskombinationen und deren Formen angeführt werden, die in mehreren der oben angeführten Höhenstufen vorkommen können[41].

Hierzu möchte ich in erster Linie Muren und Lawinen zählen und zwar aus zwei Gründen:

1. Sie können mehrere Höhenstufen durchlaufen und als Fremdlingsformen in tiefergelegene Regionen auslaufen.
2. Auch ihre Ursprungsgebiete sind nicht an eine bestimmte Höhenstufe gebunden.

Die Lawinen entstammen zwar meist der nivalen und periglazialen Stufe, sie können aber auch in der Waldstufe (gemäßigt-humide Höhenstufe) ansetzen. Für Muren gilt das gleiche: sie treten zwar in der periglazialen Höhenstufe am häufigsten auf, kommen aber auch in tieferen Lagen (im Wald) vor und sind in erster Linie an entsprechendes murfähiges Material (periglazialer Schutt, murfähiges Gestein wie z.B. Phyllit) gebunden[42]. Rutschungen sind allgemein an weichere Gesteine gebunden und können in fast allen Höhenstufen auftreten.

Desweiteren gehören hierzu in gewissem Umfang auch die Schutthalden, deren rezente Bildung in der periglazialen bzw. in der nivalen Region liegt, die aber durch die Prozesse der gravitativen Massenverlagerung bis in tiefere Regionen hinabreichen können (vgl. S. 31).

Lawinen können ab Hangneigungen um 10° beobachtet werden, sind jedoch unter 20° selten. Ihre Hauptverbreitung liegt bei Hangneigungen zwischen 20–50°. Dabei können Lawinen in der Hochregion unmittelbar bei Neuschneefällen flächig an Wänden sowie linear an Wänden abgehen und folglich sehr viel Gesteinsmaterial transportieren. In dieser Hochregion kommt es auch zu Eislawinenabgängen und am Fuße der Wände bleiben die Lawinenkegel über der Schneegrenze liegen und werden zu Firn- und Gletschereis umgewandelt (vgl. WILHELM 1975, S. 80ff). Die morphologische Wirksamkeit von Lawinenabgängen ist von RAPP (1959) näher beschrieben worden. Vorschläge zur Einteilung und Benennung von Lawinen (Lawinenklassifikationen) wurden u.a. von HAEFELI & DE QUERVAIN (1955), DE QUERVAIN (1966) erarbeitet. Eine Zusammenstellung findet sich bei WILHELM (1975, S. 85f).

---

[41] Ich möchte in Anlehnung an FITZE (1969, S. 12) den Begriff azonal vermeiden, da dieser nicht hinreichend definiert ist. Extrazonale Solifluktionserscheinungen und auch Strukturböden (zuerst POSER 1954, S. 160) können in Gletschervorfeldern vorkommen.

[42] Hierzu LEHMKUHL (1983): Unveröff. Oberseminararbeit an der Universität Göttingen über zwei Wildbäche im Fuschertal, die zu starken Vermurungen neigen. Hier konnte sich zeigen, daß selbst Wildbäche mit kleinen Einzugsgebieten unter 1800m stark murfähig sein können.

Für die französischen Alpen konnten von mir ca. 2800 Lawinendaten ausgewertet werden. Die Datenerhebung erfolgt durch französische Forstbeamte und wurde mir freundlicherweise von der CEMAGREF[43] in Grenoble zur Verfügung gestellt.

Diese Daten liegen lediglich für relativ gut erreichbare Täler vor, die Lawinen der Hochlagen sind zumeist nicht erfaßt worden. Die Daten der verschiedenen Gemeinden wurden in 3 Gruppen eingeteilt:

1. Pelvoux W als die feuchtere Westabdachung des Pelvoux-Massives, berücksichtigt wurden die Gemeinden Villard Loubière und St. Christophe (vgl. Klimadiagramm 24 im Anhang).
2. Pelvoux E als die trocknere Ostabdachung (hauptsächlich die Gemeinden Pelvoux, Vallouise und Puy St. Vincent, vgl. Klimadiagramm 31 im Anhang).
3. Queyras als zweites Untersuchungsgebiet in den französischen Westalpen. Hier ist schon ein subkontinentales-submediterranes trockeneres inneralpines Klima zu finden (vgl. die Klimadiagramme 33 u. 34).

Es wurden die absolute und prozentuale jahreszeitliche Verteilung der Lawinenabgänge (Tab. 4) sowie die durchschnittlichen Abgangs- und Ankunftshöhen mit den Lauflängen für die einzelnen Gemeinden bzw. Gebiete ermittelt (Tab. 5).

Das Maxima der Lawinenabgänge an der Westabdachung des Pelvoux ist im Januar und Februar zu verzeichnen, aber auch der Dezember hat mit 15,5% aller Lawinenabgänge pro Jahr (von 1948 bis 1986) im Vergleich zu den anderen Gebieten einen recht hohen Anteil. Die durchschnittliche Abgangshöhe von 1968m bzw. 2658m ist hier bei den zugleich längsten durchschnittlichen Lauflängen am höchsten. Die Gründe hierfür sind in den Reliefverhältnissen sowie in den klimatischen Parametern zu suchen. Die W-Abdachung ist insgesamt feuchter, zugleich wurden hier auch Lawinenbahnen im steilen Trogtal der Vénéon erfaßt, während die inneren Teile der Pelvoux E-Abdachung (Gemeinde Pelvoux) nur teilweise aufgenommen worden sind.

Im Queyras sind insgesamt weniger Lawinen beobachtet worden, was zum einen an dem insgesamt niedrigeren Relief, aber auch an den geringeren Hangneigungen bei zugleich trokkenerem Klima zu liegen scheint. Zum anderen verschiebt sich, was sich schon bei Pelvoux-E andeutet, der Schwerpunkt der Lawinenabgänge auf die Monate März und April und z.T. noch in den Mai hinein (hier: 9,1% der Lawinenabgänge pro Jahr). Die Ursachen könnten im Absinken der temporären Schneegrenze im Frühwinter und deren langsamerem Ansteigen im Frühjahr zusammenhängen. Im Pelvoux-Massiv sind aufgrund der Reliefverhältnisse schon im Dezember zahlreiche Lawinenabgänge zu verzeichnen, während im Queyras, auch aufgrund der jahreszeitlichen Niederschlagsverteilung, erst später mit einer verstärkten Lawinentätigkeit zu rechnen ist.

Es konnten auch Lawinenkarten (vgl. DE CRÉCY 1980), die für ausgewählte Gemeinden erstellt wurden und denen u.a. Luftbildauswertungen zugrunde liegen, eingesehen werden. Es wurden dort auch Lawinenbahnen der Hochlagen kartiert, deren Lawinenabgänge in den oben angeführten Daten nur zum Teil erfaßt worden sind.

Muren entstehen aus Lockermaterial, vorwiegend an instabilen, steilen Talflanken und Anbrüchen, das nach starker Durchtränkung als Gemenge aus Schutt und Wasser ins Laufen kommt und erst auf trockenem und flachem Untergrund durch das Auslaufen des Wassers

---

[43] Centre National du Machinisme Agricole du Génie Rural des Eaux et des Forêts, Division Nivologie (neige et avalanches), St. Martin d'Heres Cedex (Grenoble).

Tabelle 4:
Jahreszeitliche Verteilung der Lawinenabgänge in den Untersuchungsgebieten Pelvoux und Queyras
(Auswertung der verfügbaren Lawinendaten für den Zeitraum 1948–1986)

a) absolute Werte

	Jan	Feb	Mrz	Apr	Mai	Jun	Jul	Aug	Sep	Okt	Nov	Dez	Summe
PELVOUX W	94	158	69	12	0	0	0	0	0	0	6	62	401
PELVOUX E	129	201	231	210	27	1	0	0	0	9	17	68	893
PELVOUX ges.	223	359	300	222	27	1	0	0	0	9	23	130	1294
QUEYRAS	38	31	56	57	19	1	0	0	0	0	2	4	208
Gesamt	484	749	656	501	73	3	0	0	0	18	48	264	2796

b) prozentuale Verteilung

	Jan	Feb	Mrz	Apr	Mai	Jun	Jul	Aug	Sep	Okt	Nov	Dez
PELVOUX W	23,4	39,4	17,2	3,0	0	0	0	0	0	0	1,5	15,5
PELVOUX E	14,4	22,5	25,9	23,5	3,0	0,1	0	0	0	1,0	1,9	7,6
PELVOUX ges.	17,2	27,7	23,2	17,2	2,1	0,1	0	0	0	0,7	1,8	10,0
QUEYRAS	18,3	14,9	26,9	27,4	9,1	0,5	0	0	0	0	1,0	1,9
Gesamt	17,3	26,8	23,5	17,9	2,6	0,1	0	0	0	0,6	1,7	9,4

Ausgewertete Gemeinden: PELVOUX W: Pelvoux, Puy St. Vincent, Vallouise
PELVOUX E: St. Christophe en Oisans, Villard Loubière
QUEYRAS: Aiguilles, Ceillac, Château Queyras, Ristolas, St. Véran

zur Ruhe kommt. Dabei bleiben die Ränder der Mure oft als bis zu meterhohe Schuttwälle zuerst stehen, während die Mitte der Mure noch ein Stück weiterläuft (vgl. LOUIS & FISCHER 1979, S. 233 sowie zu Massenbewegungen allgemein BUNZA 1976).

Muren entstammen häufig der nivalen Stufe: Schneeflecken (Nivationstrichter und -runsen) sind oft der Ausgangspunkt einer kleinen Murbahn, wie besonders in der Ankogel-Gruppe (vgl. Beilage 6) und im Pelvoux-Massiv beobachtet werden konnte.

Auch **Rutschungen** führen zu polyzonalen Formen, sie sind allerdings häufig an bestimmte Gesteinsbedingungen (Schiefer, Phyllite, Moränen etc.) gebunden und kommen verstärkt in der mediterranen Höhenstufe vor.

In den von mir untersuchten Gebieten sind Rutschungen besonders in den Phylliten der Schieferhüllen der Hohen Tauern sowie in den Schiefern (vorwiegend in den schistes noirs) der französischen Alpen zu beobachten.

Tabelle 5:
Durchschnittliche Abgangshöhe, Ankunftshöhe und Lauflänge von Lawinen in den Untersuchungsgebieten Pelvoux und Queyras für den Zeitrum 1948–1986 (Ausgewertete Gemeinden s. Tab. 4)

Gemeinde	Anzahl der Lawinen	Abgangshöhe mNN	Ankunftshöhe mNN	Lawinenlänge m
V. Loubière	246	1968	1055	913
St. Christophe	308	2658	1386	1272
PELVOUX W	**554**	**2352**	**1239**	**1113**
Pelvoux	612	2397	1614	783
Puy St. Vincent	24	2504	2002	502
Vallouise	284	2277	1352	925
PELVOUX E	**919**	**2363**	**1543**	**819**
PELVOUX gesamt	**1472**	**2358**	**1428**	**930**
Ceillac	42	2304	1845	459
St. Véran	77	2519	2045	474
übrige Gemeinden	146	2308	1730	578
QUEYRAS gesamt	**265**	**2368**	**1841**	**456**

III. DER VERLAUF DER HÖHENGRENZEN UND IHRE KLIMATISCHE ABGRENZUNG UNTER BESONDERER BERÜCKSICHTIGUNG DER NIVALEN FORMUNGSREGION

A. Der Verlauf der nivalen Untergrenze

Die Grenze zwischen der periglazialen und der nivalen Höhenstufe verläuft nicht isohypsenparallel und schwankt aus unterschiedlichen Gründen um einen Mittelwert. Überdies löst sich die nivale Stufe an ihrer Untergrenze fleckenhaft auf und verzahnt sich mit der periglazialen Höhenstufe (s.o.). Trotzdem kann die Untergrenze einer nivalen Höhenstufe, die in allen untersuchten Regionen mehr oder weniger deutlich ausgebildet ist, beobachtet werden. Sie wird dort angesetzt, wo die Wirkung des Schnees durch Nivations(hohl)formen flächenhaft dominiert und das Landschaftsbild (den landschaft(skund)lichen Eindruck) bestimmt. Die im folgenden angegebenen Untergrenzen für die einzelnen Untersuchungsgebiete stellen somit (z.T. subjektive) Nährungswerte dar, wobei versucht wurde, die Expositionsunterschiede herauszumitteln. Luv-Lee-Effekte, verstärkt durch besondere Reliefgegebenheiten wie z.B. Paßlagen, können diese nivale Untergrenze ebenfalls beeinflussen, und diese Faktoren wurden mitberücksichtigt. Eine Zusammenstellung der Höhengrenzen in den einzelnen Untersuchungsgebieten zeigt Abbildung 32. Zusätzlich sind die Höhenstufen der Formung der vier Hauptuntersuchungsgebiete in den Beilagen 1 bis 4 sowie in den Abbildungen 34 bis 37 (Profile 1 bis 4), ergänzend zwei schweizer Untersuchungsgebiete in den Abbildungen 38 u. 39 (Profile 5 und 6), dargestellt.

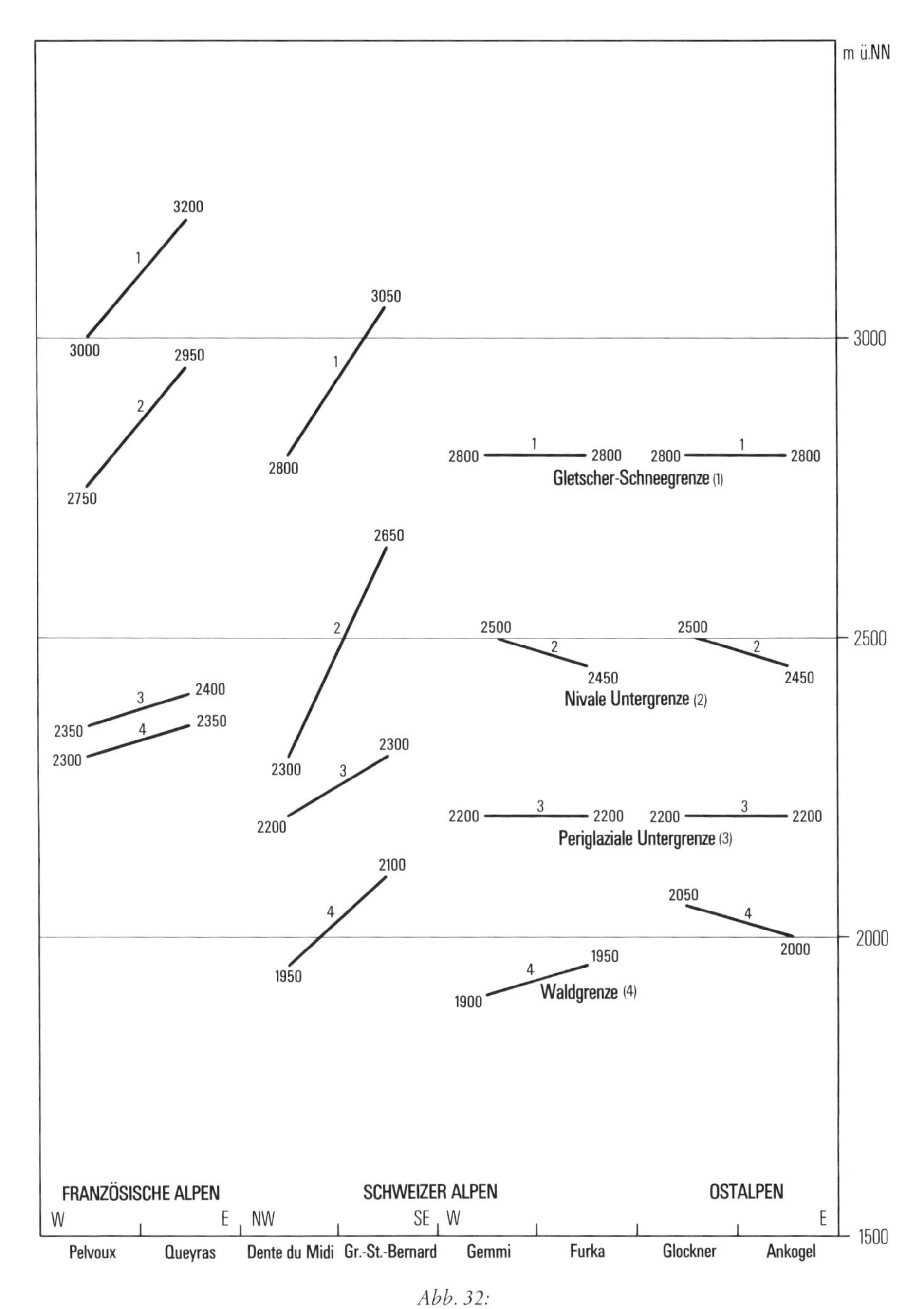

Abb. 32:
Verlauf von Waldgrenze, periglazialer und nivaler Untergrenze sowie der Gletscher-Schneegrenze in den verschiedenen Untersuchungsgebieten

Diese mittlere, oben beschriebene (klimatische[44]) Untergrenze der nivalen Formung befindet sich im Bereich der Hohen Tauern in ca. 2500m. Dabei ist ein Anstieg der nivalen Höhenstufe von der Alpennordseite zur Alpensüdseite, bedingt durch die inneralpine Lage, um ca. 50–100m zu beobachten. Die Expositionsunterschiede, insbesonders zwischen Nord- und Südexposition, spielen hier allerdings eine größere Rolle, sie betragen bis zu 500m, normalerweise um 300m. Als Beispiel sei hier die Glockner-Gruppe erwähnt, wo die Nivationsformen in N-Exposition im Fuschertal bis 2200m hinabreichen, jedoch in S-Exposition (Mölltal) erst ab ca. 2700m dominieren. Es sei noch darauf hingewiesen, daß der Verlauf dieser nivalen Untergrenze im Ost-West Streichen des Alpenhauptkammes im Bereich der Hohen Tauern bei den untersuchten Gebieten der Ankogel- und Glockner-Gruppen sich etwa in derselben Höhenlage (ca. 2500m, in der Ankogel-Gruppe ca. 2450m) befindet.

Die Untergrenze deutlicher nivaler Formung liegt in den von mir ergänzend untersuchten Gebieten in der Zentralschweiz (Furka und Grimsel-Paß) ebenfalls in dieser Höhenlage, wobei allerdings diese Grenze, die in der Umgebung von Andermatt mit ca. 2500m angegeben werden kann, im Bereich des Grimsel- und Furka-Passes bedingt durch die höheren Niederschläge (orographische Senke im Sinne von KLEBELSBERG 1948), ca. 50–100m tiefer liegen dürfte. Im Bereich der Gemmi liegt die Untergrenze dann wieder bei ca. 2500m, steigt dann aber, zum trockneren, inneralpinen Rhonetal und Wallis, nach Süden, an. Dieser Anstieg, bedingt durch den Massenerhebungs- oder Abschirmungseffekt, wurde von mir im Bereich der Dente du Midi-Gr. St. Bernard näher untersucht. Die Untergrenze, die im Gebiet der Dente du Midi bei ca. 2300m liegt und hier, insbesonders in N-Exposition, die periglaziale Stufe fast völlig unterdrückt, steigt zum Gr. St. Bernard aus denselben, oben genannten Gründen auf über 2600m an.

In den französischen Untersuchungsgebieten verläuft die Untergrenze der nivalen Formung ähnlich: im westlichen Pelvoux-Massiv liegt sie bei ca. 2600m, steigt auf ca. 2750m im Bereich der Ostabdachung des Pelvoux-Massives an und ist im Gebiet Queyras-Mt. Viso in ca. 2900–3000m zu finden. Im Bereich des Queyras erreichen aber zum einen die meisten Gebirgskämme diese Höhenlage nicht mehr. Zum anderen ist in diesen südlichen Teilen der Alpen die Angabe einer generellen klimatischen Untergrenze für die nivale Untergrenze, gemittelt aus N- und S-Exposition, insofern schwierig, da hier die Expositionsunterschiede mindestens 500m betragen. In der Region des Parc Naturel du Queyras ist dann auch fast die Trockengrenze für Nivationsformen erreicht. Sie konnten hier auch zumeist nur in N-Exposition beobachtet werden (vgl. Beilage 4), und es wurde zusätzlich der Unterschied der Gletscher-Schneegrenze für die Bestimmung einer mittleren nivalen Untergrenze berücksichtigt, wobei derselbe Expositionsunterschied zwischen nivaler Formung und der Gletscher-Schneegrenze angenommen wurde.

Im Alpenkörper zwischen dem östlichsten Untersuchungsgebiet der Schweiz (Furka-Paß) und den Hohen Tauern wurden von mir keine Beobachtungen über die Höhenstufen der Formung durchgeführt; es ist aber in diesem Abschnitt nur mit geringen Schwankungen, insbesondere im Bereich von orographischen Senken, der Höhenlage der einzelnen Formungsregionen zu rechnen.

---

[44] Klimatisch hierbei verstanden als das Mittel aller Expositionen (verwendet wie bei dem Begriff der klimatische Schneegrenze), nicht klimatologisch.

B. Der Verlauf der nivalen Untergrenze im Vergleich zur periglazialen Untergrenze sowie zur Schnee- und Waldgrenze

Die periglaziale Untergrenze befindet sich in den von mir untersuchten, zumeist kristallinen Gebieten der Ostalpen (Hohen Tauern) sowie der Schweiz in ca. 2200m. Der Abstand zwischen periglazialer und nivaler Untergrenze beträgt in diesen zentralen Ketten der Alpen ca.300m. Wenn man allerdings andere Gesteine z.B. kalkige Sedimentgesteine mitberücksichtigt, dann kann die periglaziale Untergrenze bis zu 200m tiefer liegen. Dies würde z.B. auf den Bereich der Gemmi zutreffen, wo MANI & KIENHOLZ (1988, S. 102) in unmittelbarer Nähe (Gasterntal) die Untergrenze periglaziärer Prozesse in ca. 1950m sahen.

Die von mir im obengenannten Sinne verstandene periglaziale Höhenstufe (vgl. S. 28ff.) mit deutlichen Formen der gebundenen Solifluktion etc. wird dann im humiden Bereich (Dente du Midi) sehr schmal, da sie hier durch die tief herunterreichende Nivationsformung eingeengt wird[45]. Im Gegensatz dazu steht eine ausgedehntere periglaziale Höhenstufe in den trockeneren Gebieten (Gr. St. Bernard, Queyras), wo, insbesondere im Queyras, Nivationsformen fast völlig fehlen und die periglaziale Höhenstufe 600 Höhenmeter umfaßt.

Der Verlauf dieser Höhengrenze erklärt sich dadurch, daß die periglaziären Prozesse in erster Linie von der Frostwechselhäufigkeit abhängig sind und zwar von den schneefreien Frostwechseltagen, wie schon HASTENRATH (1960) und später FLIRI (1975) betonten. Die Gletscher-Schneegrenze und die nivale Untergrenze sind hauptsächlich von den in diesen Höhenlagen herrschenden Temperaturen und (Schnee-) Niederschlägen der Ablationsperiode (siehe nächstes Kapitel) abhängig. In humideren, ozeanischeren Bereichen, die folglich auch kühler sind, kann sich über einen längeren Zeitraum und auch in tieferen Lagen eine Schneedecke halten. Aus diesem Grund reicht die nivale Formung tiefer herab. In den trockeneren Lee-Lagen, die infolge des Massenerhebungseffektes zudem meist wärmer sind, taut der Schnee in der Regel viel früher und viel höher hinauf ab und somit ist hier periglaziäre Formung vorherrschend.

Die Waldgrenze ist in den Ostalpen und in der Schweiz ca. 200m unter der periglazialen Untergrenze zu finden. In den französischen Untersuchungsgebieten beträgt die Differenz nur 50m. Bei der Betrachtung der Waldgrenze ist jedoch zu berücksichtigen, daß diese stark anthropogen beeinflußt ist, also z.B. durch die Almwirtschaft herabgedrückt worden sein kann.

Die Gletscher-Schneegrenze (nach v. HÖFER 1879 bzw. LOUIS 1955 bestimmt und mit dem Gletscherkataster der Schweiz und Österreichs des Jahres 1973 verglichen, s.o. u. Tab. 3) verläuft nun im Bereich der obengenannten acht Gebiete ähnlich wie die Untergrenze der nivalen Formung. Der Abstand zwischen diesen beiden Höhengrenzen beträgt etwa 300m und wird nur im sehr humiden (ozeanischen) Klima größer (bis zu 500m Differenz) bzw. wird im Bereich des trockeneren (kontinental-mediterranen) Klima geringer. Als Beispiel für den humiden Bereich sind die Randketten der Alpen anzuführen. In den von mir untersuchten Gebieten sind die Dente du Midi sowie die Westabdachung des Pelvoux-Gebietes als Beispiel für die größte Ausdehnung der nivalen Höhenstufe im humiden Bereich sowie die Gebiete im Lee des Alpenhauptkammes wie die Regionen um den Gr. St. Bernard und Queyras für eine

[45] Es sei nochmals darauf hingewiesen, daß oberhalb dieser nivalen Untergrenze noch Periglazialerscheinungen vorkommen, es dominieren jedoch Nivations(hohl)formen.

schmale Ausdehnung der nivalen Höhenstufe mit trockenerem, inneralpinem Klima zu nennen. Insgesamt zeigt sich, daß die Grenzen zu den südlichen Westalpen hin ansteigen.

C. Klimatologische Eingrenzung der nivalen, glazialen und periglazialen Höhenstufe

Diese klimatischen Berechnungen sollen nicht nur zur Darstellung rezenter klimatologischer Verhältnisse im Bereich der nivalen Untergrenze dienen, sondern auch allgemeine Gesetzmäßigkeiten dieser Höhenstufe aufzeigen. Damit lassen sich dann u.U. für vorzeitliche Nivationsformen Aussagen über paläoklimatologische Verhältnisse treffen.

Schwierigkeiten, die Untergrenzen klimatologisch zu bestimmen, ergeben sich dadurch, daß diese Grenzen bzw. Grenzsäume zwischen zwei Formungsbereichen zwar geomorphologisch als klimageomorphologische Grenzen recht gut, aber nur schwer klimatologisch zu fassen sind. Dies gilt auch für die klimatische Gletscher-Schneegrenze, da hier eine theoretisch fundierte, glaziologisch-klimatologische Definition noch aussteht (vgl. WILHELM 1975, S. 95; s.o.). Hinzu kommt, daß es zu wenig Klimastationen in geeigneten Höhen und über längere Zeiträume, selbst in einem so gut erschlossenen Hochgebirge wie dem der Alpen, gibt. Dieser Mangel trifft besonders für die beiden französischen Gebiete zu. Zusätzliche Fehlerquellen bei der Niederschlagsmessung im Hochgebirge, insbesondere bei Messungen mit Totalisatoren, ergeben sich durch Strömungseffekte (Wind), Hanglagen u.a., und sie belaufen sich nach KUBAT (1972) auf teilweise über 20% (s.o. und auch HAVLICK 1969, S. 9ff). Die Ombrometer fangen generell zu wenig Niederschlag auf, das Defizit ist folglich in den Hochlagen größer. Bei Niederschlagskalkulationen aus Tallagen ergibt sich zusätzlich eine gewisse Unsicherheit bei der Berechnung der Niederschlagsgradienten im Hochgebirge sowie ein weiterer möglicher Fehler durch trockenere Bedingungen in den Tälern[46].

Zunächst wurde für die Untergrenze der nivalen Höhenstufe von der Überlegung ausgegangen, daß die Ablationsperiode im Bereich einer mutmaßlichen nivalen Untergrenze entscheidend für das Vorkommen von länger andauernden Schneeflecken ist. Die Aufsätze von HOINKES (1967a,b, 1971) sowie von GAMPER & SUTER (1978), die im Zusammenhang mit der Veränderung von Massenbilanzen bzw. Zungenänderungen von Gletschern diese Abhängigkeit für kleinere Gletscher wahrscheinlich gemacht haben, lieferten die Grundlage für eine Überprüfung in dieser Richtung.

Es wurden anhand von ausgewählten Klimastationen in den Bereichen der acht Untersuchungsgebiete Niederschlags- und Temperaturkalkulationen zunächst für die Höhenlage der Untergrenze von Nivationsformen durchgeführt und zwar nach Möglichkeit für den Zeitraum von 1971 bis 1980, um die aktuellsten Klimawerte zu berücksichtigen. In den französischen Alpen mußten für die Niederschläge der Zeitraum 1951 bis 1970 und für die Temperaturen z.T. unterschiedliche Zeiträume zugrunde gelegt werden, da neuere Daten leider nicht zur Verfügung standen. Für die einzelnen Gebiete wurden die Klimastationen aller vorhandenen Abdachungen in die Berechnungen miteinbezogen, um expositionsbereinigte Gradienten und Mittelwerte zu erhalten.

---

[46] Untersuchungen über die vertikale Niederschlagsverteilung siehe auch UTTINGER (1951), TOLLNER (1952), BAUMGARTNER, REICHEL & WEBER (1983) sowie DOUGUEDROIT & SAINTIGNON (1984).

Ursprünglich wurde mit dem hydrologischen Sommerhalbjahr (April–September) bzw. der Ablationsperiode (Mai–September) kalkuliert (s.o.). Eine deutlichere Abhängigkeit der nivalen Untergrenze von Temperatur und Niederschlag konnte allerdings für den Zeitraum Mai–Oktober festgestellt werden. Dies erklärt sich u.a. aus der Tatsache, daß der April in der Höhenlage der nivalen Untergrenze eine komplette Schneedecke besitzt, während im Oktober durchaus noch schneedeckenfreie Tage mit Ablation vorherrschen können[47]. Diese Abhängigkeit von den thermischen und hygrischen Bedingungen in diesem Zeitraum ließ sich für die acht Untersuchungsgebiete nachweisen, wobei jeweils höhere Temperaturen auch höhere Niederschläge aufwiesen[48]. Bei der Berücksichtigung unterschiedlichster Zeiträume, wie wärmster Monat, Sommermonate, Ablationsperiode, Jahr u.a., ergab sich für diesen Zeitraum die geringste Streuung um die Regressionsgerade trotz unterschiedlicher Höhenlagen der nivalen Untergrenzen in den verschiedenen Gebieten, wobei höhere Temperaturen durch höhere Niederschläge in der Ablationsperiode kompensiert werden. Bei anderen Zeiträumen z.B. Sommermonate wärmster Monat etc. ergaben sich größere Streuungen, und es zeigte sich somit keine so deutliche Abhängigkeit.

Als klimatische Schwellenwerte an der nivalen Untergrenze wurden für die Ablationsperiode Mai bis Oktober eine Durchschnittstemperatur von 2,7 bis 4,1 °C bei Monatsniederschlägen von 127 bis 204 mm und 0,9 bis −2,2 °C Jahresmitteltemperatur bei 1509 bis 2590mm Jahresniederschlag ermittelt.

Da im Gebiet des Queyras die Nivationsformen fast auskeilen und somit die nivale Höhenstufe sich auf einen schmalen Saum beschränkt, sind hier fast die Grenzbedingungen für nivale Formung erreicht. Bei noch wärmeren und trockeneren Bedingungen dürfte eine nivale Höhenstufung völlig fehlen und die Höhenstufe periglaziärer Formung direkt an die glaziale Region angrenzen, wie es z.B. HÖVERMANN (1985) aus Tibet beschreibt. Für die periglaziale Untergrenze sowie für die Gletscher-Schneegrenze wurden ebenfalls Kalkulationen durchgeführt und verschiedene Zeiträume verglichen. Diagramme, in denen Niederschlag und Temperatur an den einzelnen Untergrenzen gegeneinander aufgetragen sind, sind für die Zeiträume Mai bis September und Mai bis Oktober sowie für das Jahr in Abbildung 33 erstellt worden. Tabelle 6 zeigt die Jahreswerte von Niederschlag, Temperatur sowie der Temperatur des wärmsten Monats.

Die periglaziale Untergrenze ist in erster Linie von den Frostwechseltagen und damit von den thermischen Bedingungen abhängig. Sie benötigt zwar humide Klimavoraussetzungen und hat eine Trockengrenze, die aber in den Alpen nicht erreicht wird[49]. Die periglaziale Formungsregion weist gegenüber der nivalen und glazialen Formungsregion ein höheres Maß an Aridität auf, wie insbesonders die Darstellung für den Monat Juli zeigt. Die Analyse der Temperaturverhältnisse im Bereich der periglazialen Untergrenze ergab für die ozeanischeren Gebiete Temperaturen des wärmsten Monats von etwa 7–7,6°, während die trockeneren Gebiete (St. Bernard, Pelvoux, Queyras) sich zwischen 8,8 und 9,3° bewegen. Bei Betrach-

---

[47] PATZELT (1987) berichtet über Ablation auf den Gletschern der österreichischen Alpen für das Jahr 1986 bis Ende Oktober. Vgl. auch Abb. 9 und 10.

[48] Eine Erweiterung dieser Berechnung um drei Gebiete in Skandinavien ergab dieselbe Abhängigkeit (LEHMKUHL, BÖHNER & ROST (in Vorber.)).

[49] Zur Diskussion über die klimatische Eingrenzung des Periglaziärs s. insbesonders KARTE (1979, S. 97ff).

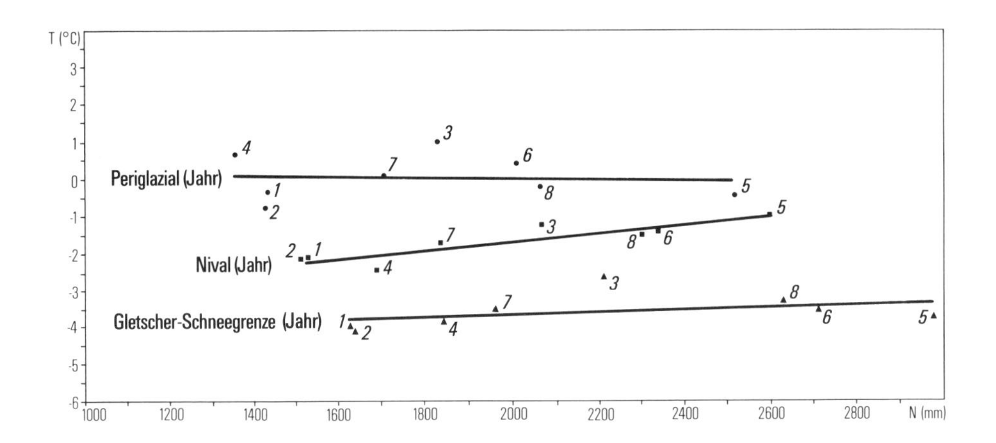

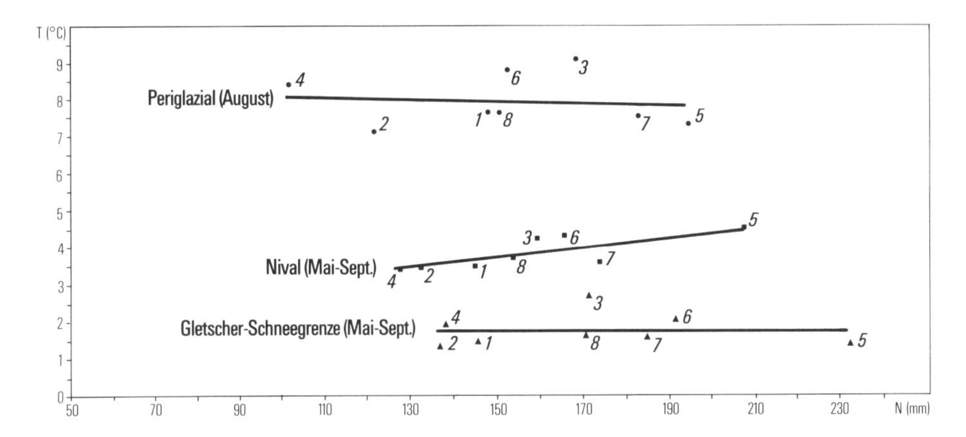

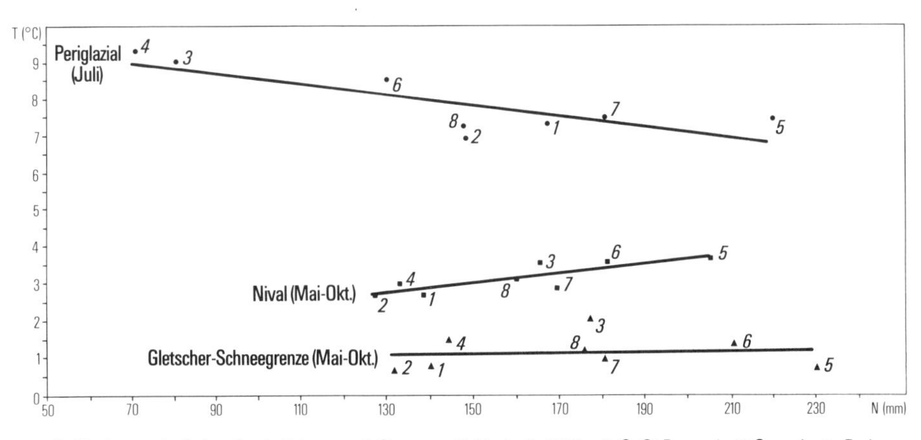

1 Glockner 2 Ankogel 3 Pelvoux 4 Queyras 5 Dente du Midi 6 Gr.St.Bernard 7 Gemmi 8 Furka

Entwurf: F.Lehmkuhl & J.Böhner

Abb. 33:

Temperatur und Niederschlag unter Berücksichtigung verschiedener Zeiträume für die Untergrenzen von periglazialer und nivaler Formung sowie der Gletscher-Schneegrenze

Tabelle 6:
Kalkulierte Jahreswerte für die Untergrenzen von nivaler und periglazialer Formung sowie der Gletscher-Schneegrenze (in Klammern die Temperatur des wärmsten Monats). Die Höhenlagen der Untergrenzen sind Abbildung 32 zu entnehmen.

	Periglazial			Nival			Glazial		
	N	T	T/max	N	T	T/max	N	T	T/max
Glockner	1426	–0,4	(VIII 7,6)	1524	–2,2	(VIII 5,6)	1630	–4,0	(VIII 3,6)
Ankogel	1422	–0,8	(VIII 7,1)	1509	–2,2	(VIII 5,6)	1630	–4,2	(VIII 3,5)
Pelvoux	1827	1,0	(VIII 9,1)	2060	–1,3	(VIII 6,6)	2205	–2,7	(VIII 5,2)
Queyras	1348	0,6	(VII 9,3)	1685	–2,5	(VII 5,9)	1839	–3,9	(VII 4,3)
Dente du Midi	2513	–0,4	(VII 7,5)	2590	–1,0	(VII 6,9)	2974	–3,5	(VII 3,7)
Gr. St. Bernard	2004	0,4	(VIII 8,8)	2332	–1,4	(VIII 7,0)	2708	–3,8	(VIII 4,8)
Gemmi	1703	0,1	(VIII 7,5)	1829	–1,7	(VIII 6,6)	1955	–3,5	(VIII 3,7)
Furka	2057	–0,2	(VIII 7,6)	2294	–1,5	(VIII 6,2)	2625	–3,3	(VIII 4,2)
∅	1788	0,0	7,1	1978	–1,7	6,3	2196	–3,6	4,1

tung der Jahresmitteltemperaturen ergibt sich eine Schwankung um den Gefrierpunkt (+1 bis −1 °C).

Für die Gletscher-Schneegrenze konnte keine so gute Abhängigkeit von thermischen und hygrischen Bedingungen wie für die Untergrenze der nivalen Formen für die Sommermonate oder die Ablationsperiode festgestellt werden. Hierbei handelt es sich zwar um eine sowohl hygrisch als auch thermisch bestimmte Grenze, in denen kalt-humide Klimabedingungen, die für einen Schneeniederschlagsüberschuß verantwortlich sind und folglich die Bildung von Gletschern ermöglichen sowie periglaziäre und nivale Prozesse unterbinden. Es scheinen aber die thermischen Bedingungen eine entscheidendere Rolle zu spielen.

Für die Analyse der Gletscher-Schneegrenze der acht Untersuchungsgebiete ergaben sich nun jedoch relativ geringe Temperaturamplituden für die Perioden Mai–September und Mai–Oktober von jeweils unter 1,5° (1,3 bis 2,7° und −0,1 bis 1,1°). Die Jahresmitteltemperaturen im Bereich dieser Grenze liegen zwischen −2,7 und −4,2° und weisen damit ebenfalls sehr geringe Schwankungen der Amplitude auf.

Dies stimmt etwa mit der von MESSERLI (1967, S. 191ff) gemachten Aussage überein, der von einer mittleren Jahrestemperatur (JMT) im Bereich der Gletscher-Schneegrenze in den gemäßigt-humiden Klimaten von −4,5 °C ausgeht. Die größte Abweichung zeigt die JMT im Pelvoux-Massiv, wo zudem in der E-Abdachung die Schneegrenze etwa 100m tiefer liegt und die Kalkulationen wegen der fehlenden Klimastationen in größeren Höhen am unsichersten sind. Wenn man diesen Wert außer acht läßt, wird die Abweichung noch geringer.

Für den Bereich des westlichen Großen Beckens (USA) wurden Berechnungen für eine eiszeitliche Nivationsuntergrenze von DOHRENWEND (1984) durchgeführt und mit der eiszeitlichen sowie rezenten Gleichgewichtslinie (GWL) verglichen. Diese Grenze liegt 740m unter der eiszeitlichen und 1370m unter der rezenten GWL. Die jährliche Durchschnittstemperatur der rezenten im Vergleich zur hocheiszeitlichen (full-glacial) GWL lag um 7 °C höher. Weiterhin berechnete er für die eiszeitliche Nivationsuntergrenze jährliche Mitteltemperaturen von 0 bis 1 °C. Insgesamt sinkt diese Untergrenze mit jedem Breitengrad Richtung

Norden um ca. 190m. Bei diesen Zahlenangaben ist jedoch zu berücksichtigen, daß 80% der Nivationsformen sich in NW-NE-Exposition (90 % Sektor um die Nordrichtung) befanden. Da meine Berechnungen aber auf eine expositionsbereinigte „klimatische" Untergrenze basieren, sind so die tieferen Jahresmittel von −2,5 bis −1 °C leicht verständlich, da sich durch die Miteinbeziehung der Südexposition mindestens eine Differenz von 200m ergeben kann. Bei einem Temperaturgradienten von ca. 0,6 bis 0,65 °C pro 100m ergeben sich dann ähnliche Jahresmitteltemperaturen für die nivalen Untergrenzen.

Vorzeitliche Nivationsformen fanden sich zumeist in den Schieferhüllen der Hohen Tauern (s.o. und Abb.6). Sie wurden dann als Vorzeitformen angesprochen, wenn in ihnen schon eine Mattenvegetation (keine Schneetälchenvegetation) entwickelt war. Selbstverständlich findet eine gewisse Überarbeitung durch den Schnee auch weiterhin statt, aber es dominieren die Prozesse der Solifluktion, da auch die Höhenlage dieser Nivationstrichter zumeist im Bereich der rezenten periglazialen Höhenstufe lag.

Diese vorzeitlichen Nivationsformen sind möglicherweise mit Hilfe von TL-Datierungen zeitlich zu fassen, wie RAPP et al (1986) in S-Schweden zeigen konnten. Dort wurden spätglaziale Bildungszeiten ermittelt (10.500 ± 700 und 11.000 ± 700 Jahre B.P).

D. Darstellung der Ergebnisse in Karten und Profilen

Auf der Grundlage der Feldkartierungen im Maßstab 1 : 25.000, von denen zwei Reinzeichnungen (Beilage 5 und 6) dieser Arbeit beiliegen, wurden für die vier Hauptuntersuchungsgebiete Karten der Höhenstufen der Formung im Maßstab 1 : 100.000 angefertigt (Beilagen 1 bis 4). Dabei mußte zum einen zwangsläufig generalisiert werden, zum anderen war es natürlich nicht überall möglich, direkte Geländeuntersuchungen, allein schon aufgrund des alpinen Reliefs, durchzuführen und somit überall z.B. Periglazialerscheinungen wie Solifluktionsloben festzustellen. Diese fehlen auch bei sehr steilen Talflanken wie Trogschultern und können beispielsweise durch rezente Schutthalden unterdrückt werden. Der periglaziale Charakter mit dem Überwiegen von weicheren Formen und dem Fehlen von Trichtern und Kerbtälern (s.o.) lieferte allerdings für die Abgrenzung dieser Höhenstufe einen wichtigen Hinweis. Es wurden also in den Karten wie auch in den Profilen potentielle Untergrenzen dieser einzelnen Höhenstufen dargestellt, es wurde zwischen einzelnen Belegstellen interpoliert. Dabei dienten Luftbilder als weitere Kartierungsgrundlage zur Überprüfung und Ergänzung. Die glaziale Höhenstufe umfaßt die rezenten Gletscher und deren Karrückwände, wobei zu überlegen ist, ob hierzu nicht auch der subrezente glaziale Formenschatz mit den Gletscherhöchstständen im letzten Jahrhundert hinzuzurechnen ist. In den für die einzelnen Untersuchungsgebiete erstellten Profile wurde ähnlich verfahren: die jeweiligen Untergrenzen sind an mehreren Stellen belegt und nackte Felsflächen (z.T. auch Glatthänge und Karrückwände, s.o.) wurden miteinbezogen, da hier ebenfalls bei den entsprechenden Relief- bzw. Gesteinsverhältnissen sich die jeweilige Formung einstellen dürfte.

Für die geomorphologischen Karten 1 : 25.000 aus Teilbereichen der einzelnen Untersuchungsgebiete wurde z.T. ein eigener Legendenschlüssel angefertigt. Für diese Fragestellung erwies sich der Kartierschlüssel der GMK 1 : 25.000 (LESER & STÄBLEIN 1975) z.T. als nicht ausreichend bzw. zu komplex, obgleich zwei Beispielkartierungen im Maßstab 1 : 25.000 aus Hochgebirgsregionen vorliegen (FISCHER 1984 sowie MANI & KIENHOLZ 1988). Die vorliegenden Karten basieren auf Geländebeobachtungen sowie Luftbildinterpretationen, stellen aber keinen Anspruch auf Vollständigkeit, sondern sollen lediglich die wichtigsten, für die einzelnen Höhenstufen typischen Formungselemente sowie zusätzlich einige Vorzeitformen, z.B. Trogschultern, Rundhöcker und Moränen, beinhalten.

Um die Höhenstufen der Formung besser darzustellen, wurde der Maßstab 1 : 100.000 gewählt. Dabei mußte zum Zwecke einer besseren Übersicht zwangsläufig stärker generalisiert werden.

Es wurden für alle Gebiete die gleichen Kriterien bei der Abgrenzung der einzelnen Formungsregionen zugrunde gelegt. Im folgenden sind kurz die wesentlichen Merkmale der einzelnen Gebirgsgruppen dargestellt.

Glockner-Gruppe (Beilage 1, Abb. 34): Große Ausdehnung der glazialen Höhenstufe im Westen im Firnfeldniveau der Pasterze (Altflächenrest) und in der E-exponierten Talflanke des Fuschertales sowie am Alpenhauptkamm. Eine relativ breit entwickelte periglaziale und nivale Stufe sowie eine, besonders im Mölltal und im Fuschertal, breit hineingreifende gemäßigt-humide Höhenstufe.

Ankogel-Gruppe (Beilage 2, Abb. 35): Insgesamt eine schmalere Ausbildung der einzelnen Höhenstufen. Die glaziale Höhenstufe ist im Bereich des Alpenhauptkammes und vorwiegend in N-Exposition vertreten.

Pelvoux-Massiv (Beilage 3, Abb. 36): Die gemäßigt-humide Höhenstufe ist im E aufgrund niedrigerer Talböden und Gipfelhöhen in den weicheren Schiefern des Briançonnais breiter als in den schmalen Trogtälern im W. Dies liegt auch an der Wahl des Kartierungsgebietes mit Schwerpunkt im E. Insgesamt dominiert die glaziale Höhenstufe (zumindest im zentralen Bereich), Nival und Periglazial sind, auch bedingt durch die Reliefverhältnisse (s.o.), relativ schmal.

Queyras (Beilage 4, Abb. 37): Die gemäßigt-humide Höhenstufe greift weit in das Gebiet hinein und in den tieferen Talböden sind z.T. schon mediterrane Formungselemente zu finden. Es konnten z.B. Erdpyramiden in der Nähe der Einmündung der T. de l'Aigue Agnelle in die Guil beobachtet werden und die Flüsse haben schon teilweise Torrentencharakter. Es folgen über der gemäßigt-humiden Höhenstufe ein relativ breites periglaziales Stockwerk und eine schmale nivale Höhenstufe vorwiegend in N-Exposition. Es existieren nur zwei vergletscherte Gebiete (außer dem Mt. Viso im E außerhalb des Kartierungsgebietes), die sich ebenfalls auf die N-Exposition beschränken.

IV. ZUSAMMENFASSUNG

Auf der Grundlage von vier Hauptuntersuchungsgebieten in den Ost- und Westalpen wird der hypsometrische Formenwandel mit dem Schwerpunkt in einer nivalen Höhenstufe mit Hilfe des landschaftskundlichen Ansatzes nach HÖVERMANN (1985) beschrieben. Dieser Ansatz orientiert sich an den unterschiedlichen Formungstendenzen der einzelnen Landschaften, wobei Landschaft in diesem Sinne eine gewässernetzübergreifende Formungsregion umfaßt.

Der Parameter Gestein sollte dabei, um einen besseren Vergleich zu haben, möglichst konstant sein, aus diesem Grund beschränkten sich die Untersuchungen auf die kristallinen Bereiche der Alpen. Ausgehend von zwei Gebieten in den Hohen Tauern wurden zwei weitere Gebiete im W-E-Verlauf der Westalpen als Hauptuntersuchungsgebiete gewählt, die aufgrund des teilweise schon mediterran getönten Klimas einen anderen und höheren Verlauf der Höhenstufen erwarten ließen. Zugleich handelt es sich um die östlichsten und westlichsten (südlichsten) Gebiete der Alpen, die noch eine bedeutende rezente Vergletscherung aufweisen und somit alle Höhenstufen umfassen. Ergänzend und zum Vergleich wurden noch Gebiete in den Schweizer Alpen betrachtet.

Bei diesem Vergleich zwischen den Ostalpen und den Westalpen wurden die unterschiedlichen Reliefverhältnisse sowie die morphologische Wertigkeit innerhalb der kristallinen Gesteine berücksichtigt.

Mit Hilfe des oben angeführten Ansatzes lassen sich nun fünf verschiedene Formungsregionen, in denen jeweils andere Formungstendenzen vorherrschen, in den Alpen nachweisen.

1) Die **mediterrane Höhenstufe,** als tiefste rezente Formungsregion am Südrand der Alpen, reicht in den französischen Alpen bis ca. 1000m (1300m?) Höhe hinauf. Diese Formungsregion ist nur in den südlichen und tieferen Teilen der Alpen ausgebildet. Charakteristisch für diese Region sind neben einer intensiven Hangspülung die Torrenten.
2) Abgesehen von der mediterranen Höhenstufe im Süden der Alpen kann die **gemäßigt-humide Höhenstufe** als tiefste Formungsregion im gesamten Alpenkörper angesprochen werden. Deutlichstes Merkmal sind Kerbtäler, die auch zur Abgrenzung dieser Höhenstufe nach oben hin geeignet sind. Diese Höhenstufe, zugleich überwiegend in der montanen Waldstufe, ist in den Ostalpen bis ca. 2000m, in den Westalpen bis ca. 2300/2400m zu finden.
3) Nach oben hin schließt sich die **periglaziale Höhenstufe** an. Charakteristisch ist ein sanftes Periglazialrelief mit Formen der gebundenen Solifluktion. Diese Höhenstufe reicht bis ca. 2500m in den Ostalpen und ca. 2800–3000m in den Westalpen und verzahnt sich dann sehr eng mit einer nivalen Höhenstufe.
4) Nach der Methode der landschaftskundlichen Formenanalyse (s.o.) läßt sich eine **nivale Höhenstufe** (Formungsregion) von einer periglazialen, der sie nach herkömmlichen Ansätzen in der Regel zugeordnet wird, abgrenzen. Dies erfolgt aufgrund des in der nivalen Höhenstufe vorhandenen prononcierteren Reliefs durch die Tendenz der Schaffung bzw. Vertiefung von Hohlformen durch den Schnee, während in der periglazialen Höhenstufe ein Ausgleich des Reliefs durch die Solifluktion stattfindet. Zugleich ist die fluviale Formung durch Schneeschmelzwässer in der nivalen Höhenstufe nahezu während der gesamten Ablationsperiode (Mai–September/Oktober) aktiv, und es können sich Schmelzwasserrinnen und -runsen durch die periglaziale Stufe bis an die Kerben der gemäßigt-humiden Höhenstufe hindurchziehen. In dieser nivalen Höhenstufe, in der auch Periglazialerscheinungen z.B. Formen der ungebundenen Solifluktion oder auch (Frost-) Schutthalden vorkommen, ergibt sich aufgrund der Schnee-Erosion ein differenzierteres Landschaftsbild als in der unteren periglazialen Höhenstufe. Hier werden Hohlformen herausgearbeitet, die in dem tieferen Stockwerk der periglazialen Höhenstufe in der Regel verdeckt werden. Die Erosionsleistung ist in der Umgebung von periodischen und perennierenden Schneeflecken mindestens um den Faktor 2 bis 4 höher als in der Umgebung.

Der nivale Formenschatz wird im einzelnen beschrieben und u.a. bestimmten Reliefgegebenheiten zugeordnet.

Dabei dominieren Nivationsmulden im Flachrelief, Nivationstrichter und -runsen im Steilrelief. Im Steilrelief kann sich eine Formensequenz ergeben: Trichter – Durchtransportstrecke (Runse) – Schuttkegel, die von mir als nivale Serie bezeichnet wird. Im Hangknick zwischen (Karrück-) wand und der anschließenden Schutthalde können sich ebenfalls Nivationstrichter, sie werden als Wandfußtrichter angesprochen, entwickeln. Sie stellen Übergangsformen zu den protallus ramparts (Schneehaldenmoränen) dar. Bei bestimmten Relief- bzw. Gesteinsverhältnissen können Nivationsleisten oder auch Kryoplanationsterrassen entstehen.

Besonders steilere Glatthänge, die in erster Linie in den Hohen Tauern vorkommen, können zwar als Schneescheuerhänge im Sinne SPREITZERs zum nivalen Formenschatz gerechnet werden. Insgesamt sollen aber die Glatthänge auf der Grundlage des landschaftskundlichen Ansatzes der Höhenstufe zugeordnet werden, in der sie sich rezent befinden und z.T. überformt werden.

5) Die Abgrenzung zu einer **glazialen Höhenstufe** erfolgt dann über die wesentlich größeren Formen, den Karen sowie über die Gletscher als solche, die das Relief komplett bedekken und überformen. Kare als Leitformen der glazialen Stufe sind in der Regel etwa eine Zehnerpotenz größer und, im Gegensatz zu den Nivationstrichtern, (glazial) übertieft.

Die Obergrenze der nivalen Höhenstufe liegt nun nicht im Bereich der Gletscher-Schneegrenze, sondern eher im Bereich des sogenannten Niveaus 365, dem Bereich der ständigen Schneebedeckung.

Für die klimatischen Kalkulationen der einzelnen Höhenstufen am Ende der Arbeit wurde jedoch die Gletscher-Schneegrenze herangezogen, da das Niveau 365 im alpinen Relief nur schwer zu bestimmen ist. Zusätzlich wurden Temperaturen und Niederschläge für die periglaziale und nivale Untergrenze kalkuliert.

Hier bestätigte sich eine zu erwartende Abhängigkeit der nivalen Untergrenze wie auch der Gletscher-Schneegrenze von den Temperaturen und Niederschlägen der Ablationsperiode, wobei höhere Temperaturen durch größere Niederschläge in gewisser Weise kompensiert werden können. Als klimatische Schwellenwerte der nivalen Untergrenze wurden −0,9 bis −2,2 °C Jahresmitteltemperatur und 1509 bis 2590mm Jahresniederschlag bzw. für die Ablationsperiode Mai bis Oktober eine Durchschnittstemperatur von 2,7 bis 4,1 °C bei Monatsniederschlägen von 127 bis 204mm ermittelt. Die nivale Untergrenze nähert sich in den trockeneren inneralpinen Gebieten der Gletscher-Schneegrenze an, während der Abstand sonst etwa 300m bis 400m und in den humideren Randketten (Dente du Midi) bis zu 500m beträgt. Die periglaziale Untergrenze ist in erster Linie von den thermischen Bedingungen abhängig.

V. RÉSUMÉ

A la base de quatre régions de recherche principales dans les Alpes de l'Est et l'Ouest, l'évolution géographique de formes est décrite en concentrant à un étage de nivation à l'aide de début de la science de paysage d'après HÖVERMANN (1985). Le début se base sur des tendances morphogénique différentes des paysages individuels, mais de paysage dans ce sens comprend une région morphogéniques qui n'est pas liée à la hydrologie.

Pour avoir une meilleure comparaison le paramètre pièrre doit être dans la mesure du possible petit, à cette raison les recherches se basent sur des zones cristallines des Alpes. A la base de deux régions dans l'Autriche (Hohe Tauern) deux autres regions comme régions de recherche principales ont été choisies qui sont orientées W-E dans les Alpes de l'Ouest. En raison du climat partiellement teinté méditerranéen, il est à présumer que le cours des étages soit différent et aussi plus haut. En même temps ce sont les zones des Alpes le plus à l'Est et l'Ouest (le Sud) et qui ont déjà des glaciers actuels importants. En conséquence, il existe tous les étages. Supplémentaire et pour des comparaisons des autres régions dans les Alpes de Suisse ont été étudiées.

En comparant les Alpes de l'Ouest et l'Est les reliefs différents ainsi que la valence morphologique au sein des pièrres cristallines ont été considérés.

A l'aide de début mentionné ci-dessus on peut mettre en evidence cinq régions morphogénique differentes dans les Alpes dans lesquelles il prédomine respectivement des autres tendances morphogénique.

1. L'étage méditerranéen, comme de la région morphogénique actuelle des Alpes qui se trouve la plus basse et s'élève jusqu'à environ 1000m (1300m ?) dans les Alpes français. Cette région morphogénique n'est développée que dans les zones des Alpes de Sud et les régions les plus basses. Les torrents sont caractéristiques pour cette régions à côté d'un rençage intensif.
2. A côté de l'étage méditerranéen dans tous les Alpes l'étage modéré-humid peut être considéré comme la région morphogénique la plus basse. La marque la plus distinctive sont des vallées entaillées qui sont convenables à limiter cet étage vers le haut. Cet étage, en même temps, pour la plupart dans les étages forestiers, est à trouver jusqu'à environ 2300/2400m dans les Alpes de l'Ouest.
3. Il suit l'étage périglacial. Un doux relief périglacial avec des formes de gelifluxion liées est caractéristique. Cet étage se trouve jusqu'à environ 2500m dans les Alpes de l'Est et environ 2800–3000m dans les Alpes de l'Ouest et s'engrêne très étroit avec un étage nival.
4. D'après la méthode à analyser des formes à base de début de la science de paysage (voit cidessus) il est possible de limiter un étage (région morphogénique) nival d'un étage périglacial auquel il est intégré normalement d'après les débuts d'usage. Il est possible de le faire à cause du relief prononcé au sein de l'étage nival où existent des dépressions qui sont formées ou s'enfonçées par la neige tandis que dans l'étage périglacial il y a un relief formé par la gelifluxion. En même temps l'érosion fluviale par des eaux de fusion nivales est active dans l'étage nival presque toute la période de l'ablation (Mai–Septembre/Octobre). Il est possible que des couloirs formés par des eaux de fusion nivales puissent traverser l'étage périglacial jusqu'à l'entaille de l'étage modéré-humid. Dans cet étage nival dans lequel il existe des phénomènes périglacials par exemple des formes de gelifluxion non reliées ou aussi des talus d'éboulis (de gel), il arrive un panorama plus différent que dans l'étage périglacial à cause de l'érosion de neige. Des dépressions couvertes normalement dans l'étage périglacial, sont nées. L'érosion est 2 ou 4 fois plus grande près de l'environs des champs de neige periodiques et pérennes.

   L'ensemble de formes nivales est décrit, en détail, et par exemple coordonnée au certain relief.

   Des couvettes de nivation sont dominantes dans le relief doux, des entonnoirs et couloirs de nivation dans un relief raide. Dans un relief escarpé, il y a une séquence des formes les suivantes: de l'entonnoir – de la route de transport (du couloir) – du cône, qui est décrit par moi comme série nivale. Il peut développer des entonnoirs de nivation dans la rupture de pente entre la paroi (de cirque) et le talus d'éboulis suivant. Ils sont nommés comme "des entonnoirs au pied du paroi". Ils sont des formes transitoires en des pro-talus ramparts (de la moraine à l'éboulis des neiges). En cas d'une certaine donnée de relief ou de pièrre il peut former des saillies de nivation ou aussi des terrasses de cryoplanation.

Spécialement des pentes lissées et plus raides qui existent surtout dans les "Hohe Tauern", peuvent être comptées sans doute à l'ensemble de formes nivales comme de la pente récuré par des neiges en sens de SPREITZER. Mais au total des pentes lissées doivent être coordonnées à la base du début de la science de paysage dans cet étage dans lequel elles se trouvent actuellement et être formées partiellement.

5. L'étage glacial se distingue des formes essentiellement plus grandes, les cirques ainsi que des glaciers en tant que tels qui couvrent et forment encore une fois le relief complètement. Des cirques comme des formes directives sont généralement dix fois plus grandes et, au contraire des entonnoirs nivaux, creusées (dans le glacial).

La limite supérieure de l'étage nival ne se trouve pas dans le domaine de la limite des neiges (d'après LOUIS 1955) mais plutôt dans le soi-disant niveau 365, le domaine de l'enneigement permanente.

Au fin de l'étude, pour des calculations climatiques des étages individuels, cependant, on a utilisé la limite des neiges car le niveau 365 est difficile à déterminer dans le relief alpin. Supplémentaire des températures et des précipitations sont calculées pour les limites inférieures du périglacial et de la nivation.

Par cela une dépendance à s'attendre de la limite inférieure de nivation ainsi que la limite de neiges des températures et des précipitations de la période d'ablation a été confirmée mais on a tient compte que des températures plus élevées peuvent être compensées par des précipitations les plus grandes dans certain sens. Comme seuil climatique de la limite inférieur de la nivation une température moyenne de l'année de −0,9 à −2,2 °C ainsi qu'une précipatation annuelle de 1509 à 2590mm et pour la période d'ablation de Mai à Octobre une température moyenne de 2,7 à 4,1 °C ont été calculées en considérant une précipation mensuelle de 127 à 204mm. La limite inférieure de nivation s'approche de la limite de neiges dans les régions plus seches dans les Alpes interns tandis que la distance est environ 300−400m et dans les humides chaînes marginales (Dente du Midi) jusqu'à 500m. La limite inférieure de périglacial dépend des conditions thermiques en premier lieu.

VI. SUMMARY

On basis of four main areas of investigation in the Eastern and Western Alps the hypsometrical change of forms is described by especially considering a nivation zone by means of the "landscape" onset according to HÖVERMANN (1985). This onset is oriented to different forming tendencies of individual landscapes (different morphogenetic regions). In this sense landscape is describing an area of forms regardless hydrology.

The factor geology (stone) should be precisely constant for better comparisons. Therefore only crystalline areas of the Alps were investigated. Based on two areas in the "Hohe Tauern" two further areas of the Western Alps going from the W to the E were chosen as main areas of investigation. Because of the partly mediterranean climate it was expected that the vertical zonation were different i.e. higher. At the same time they are the areas of the Alps, which are most to the East and West (South) with a significant recent glaciation. Thus all zones could be found. Supplementary and to have a comparison areas in the Swiss Alps were investigated.

When comparing the Eastern Alps and the Western Alps the different relief and thus the morphology within the crystalline rocks was considered.

By means of the onsets mentioned above five different erosion areas with respectively other forming tendencies could be found in the Alps.

1. The mediterranean zone as lowermost recent forming area of the Alps is reaching 1000m (1300m) within the French Alps. This forming area is only developed in the South and lowest areas of the Alps. Apart from an intensive slope wash torrents are characteristical for this area.
2. The following forming area (the lowermost in the North) is the moderate-humid zone. V-shaped valleys are the caracteristics the most significant. They can also be taken to limit this zone to the following one. At the same time this zone, mainly in the forest step, can be found up to 2000m in the Eastern Alps and up to 2300/2400m in the Western Alps.
3. This zone is followed by the periglacial one. A smooth periglacial relief with forms of bound solifluction is characteristical. This zone is going up to 2500m in the Eastern Alps and about 2800 to 3000m in the Western Alps and it is overlapping very obvious with the nivation zone.
4. According to the method of a landscape forming analysis (see above) a nivation zone (forming area) can be separated from a periglacial one to which the nivation zone is often added according to usual onsets. It is based on the fact that in the nivation zone there is a more pronounced relief because of the creation or deepening of hollows caused by snow whereas within the periglacial zone there is a balance of the relief because of solifluction. At the same time within the nivation zone the fluvial erosion caused by melting water is active nearly all over the ablation period (May-September/October) and it is possible to find melt-water channels and funnels in the periglacial zone up to the notches of the moderate-humid zone. Within this nivation zone where are also periglacial forms e.g. unbound solifluction or also frost slopes covered by rock debris. It looks very different to those of the periglacial one because of the snow erosion. Hollows are formed which are usually covered within the lower altitude of the periglacial zone. Within the surrounding of periodical and perennial snow patches erosion is 2 to 4 times higher.

   Separately the variety of nivation forms is described and moreover added to respective relief facts.

   Within the plain country nivation hollows are dominating whereas within the steep relief nivation funnels and channels. There could be form sequences within the steep relief: funnel – transport way (rill) – talus cone which are described as nivation sequence. Nivation funnels could also be developed within the "angle of the slope" and the following slope covered by rock debris. They will be described as "wall foot funnels" (Wandfußtrichter). They are transition forms to the protallus ramparts. In case of respective relief or geological facts nivation ledges or also cryoplanation terraces could come into existence. In the sense of SPREITZER especially steeper smooth slopes (Glatthänge), which can mainly be found in the "Hohe Tauern (Austria)", could be added to the nivation forms. However, on basis of the landscape onset, the smooth slopes should be associated with those zones in which they are existing and partially be transformed.
5. The glacial zone is limited by means of the essentially bigger glaciers e.g. cirques as well as glaciers in such a way that they are completely covering and transforming the relief. Cirques as guide forms of the glacial zone are usually ten time bigger than nivation forms and in comparison to nivation funnels (glacially) deepened.

The area of the snow limit (according to the method of LOUIS 1955) is not the upper limit of the nivation zone but rather the area of the so-called level 365, the area of the permanent snow cover.

For climatic calculations of individual zones, however, the snow limit was taken, as the level 365 can hardly be fixed in the Alpine relief. Additionally temperatures and precipitations were calculated for the periglacial and nivation low limit.

It was confirmed that there is a dependence to be anticipated of the nivation low limit as well as the snow limit on temperature and precipitation during the ablation period whereby to some extent higher temperatures could be compensated by higher precipitation. As climatic threshold for the nivation low limit an annual mean temperature of −0,9 up to −2,2°C and annual precipitation of 1509 up to 2590mm as well as for the ablation period from May to October an average temperature of 2,7 to 4,1 °C in case of precipitation per month of 127 to 204mm were calculated. Within the more dry and inner-alpine area the nivation low limit is approaching to the snow limit whereas otherwise the distance is about 300 to 400m and within the more humid margin chains up to 500m. The periglacial low limit is primarily depending on the thermal conditions.

VII. ANHANG

A. Profile, Klimadiagramme, Abflußdiagramme

1. Abb. 34−39 (PROFILE 1−6)

Die Profile stellen schematisch die Höhenstufe der verschiedenen Untersuchungsgebiete dar, ihre Lage ist Abb. 1 zu entnehmen. Sie sind 5-fach überhöht und schneiden die Hauptuntersuchungsgebiete als Nord-Süd bzw. West-Ost Profil. Das Gipfelprofil ist die jeweils nördlich bzw. östlich gelegene Kammlinie (nähere Erläuterungen s. Kapitel III.D.).

Abb. 34 (Profil 1): Glockner: Von Zell am See (Salzachtal) nach Heiligenblut (Mölltal).
Abb. 35 (Profil 2): Ankogel: Von Badgastein (Gasteinertal) nach Malta (Maltatal).
Abb. 36 (Profil 3): Pelvoux: Von Bourg d'Oisans (Romanchetal) zur Einmündung der Gyronde in das Durancetal.
Abb. 37 (Profil 4): Queyras: Von Guillestre (Durancetal) zum Mt. Viso (französisch-italienische Grenze).
Abb. 38 (Profil 5): Dente du Midi / Gr. St. Bernard: Von Vernayaz (Rhonetal) zum Gr. St. Bernard.
Abb. 39 (Profil 6): Furka: Von Reckingen (oberes Rhonetal) über Furkapaß-Andermatt-Oberalppaß.

Legende:

Gemäßigt-humide Höhenstufe (in der Regel bis zur Waldgrenze):

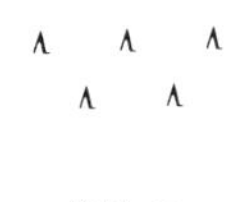

Periglaziale Höhenstufe:

Nivale Höhenstufe (mit Trichtern und Mulden):

Glaziale Höhenstufe (Gletscher einschl. Karrück-und Seitenwände):

Entwurf: F. Lehmkuhl

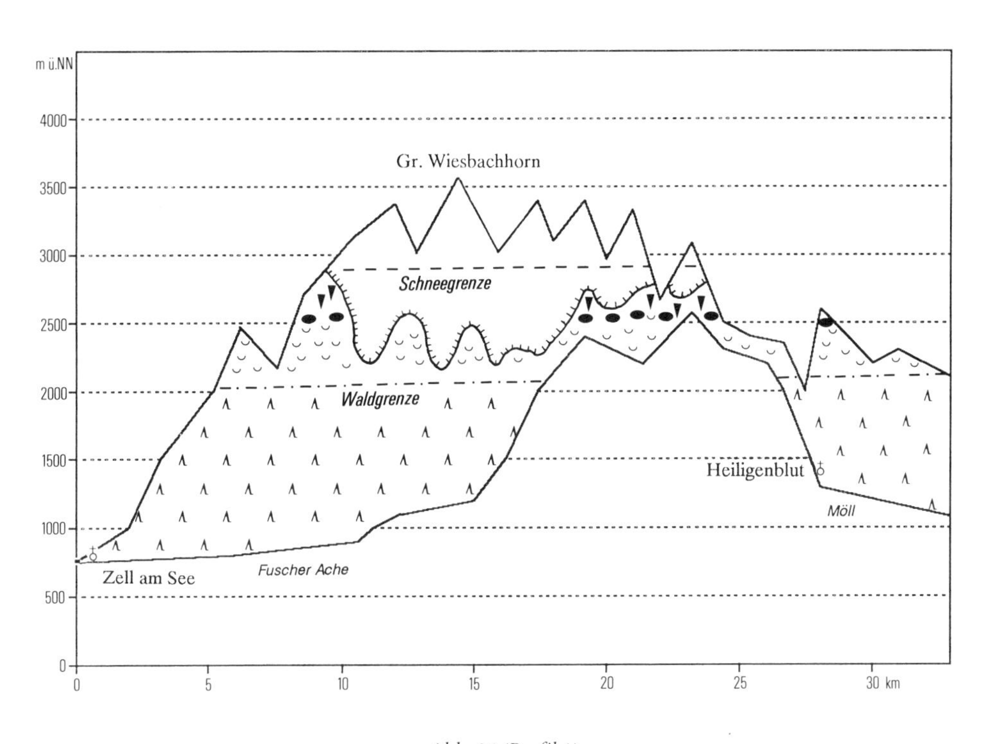

Abb. 34 (Profil 1):
N–S Profil GLOCKNER

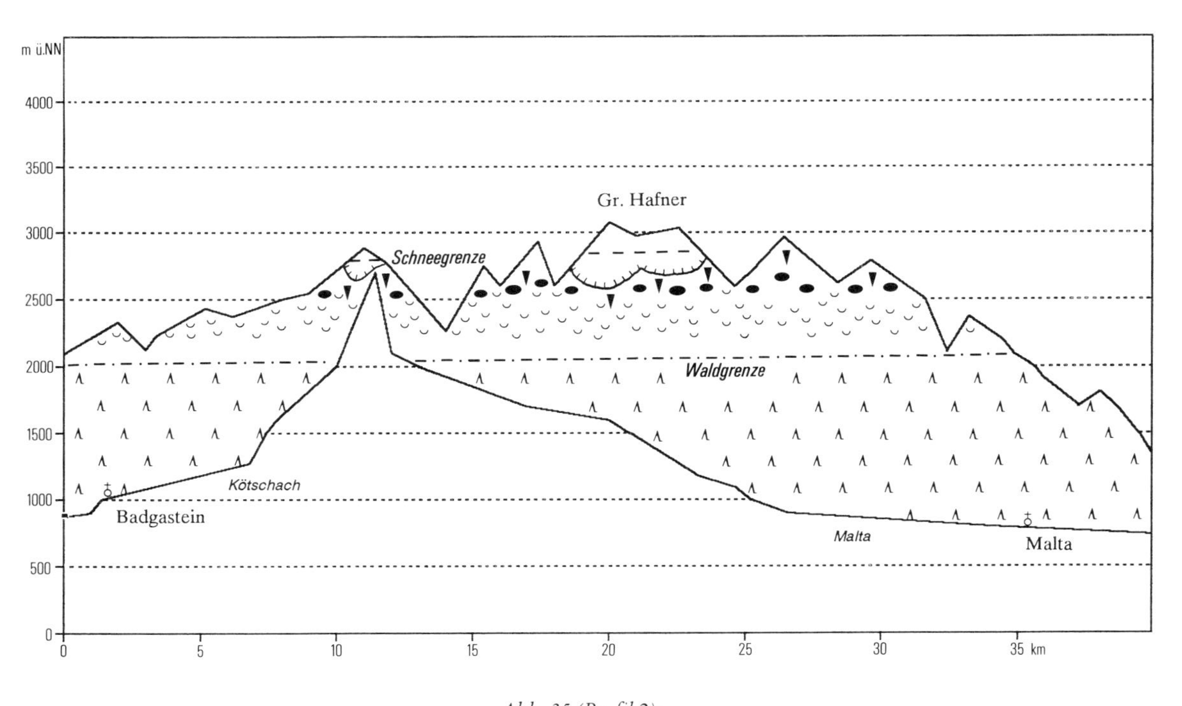

Abb. 35 (Profil 2):
N–S Profil ANKOGEL

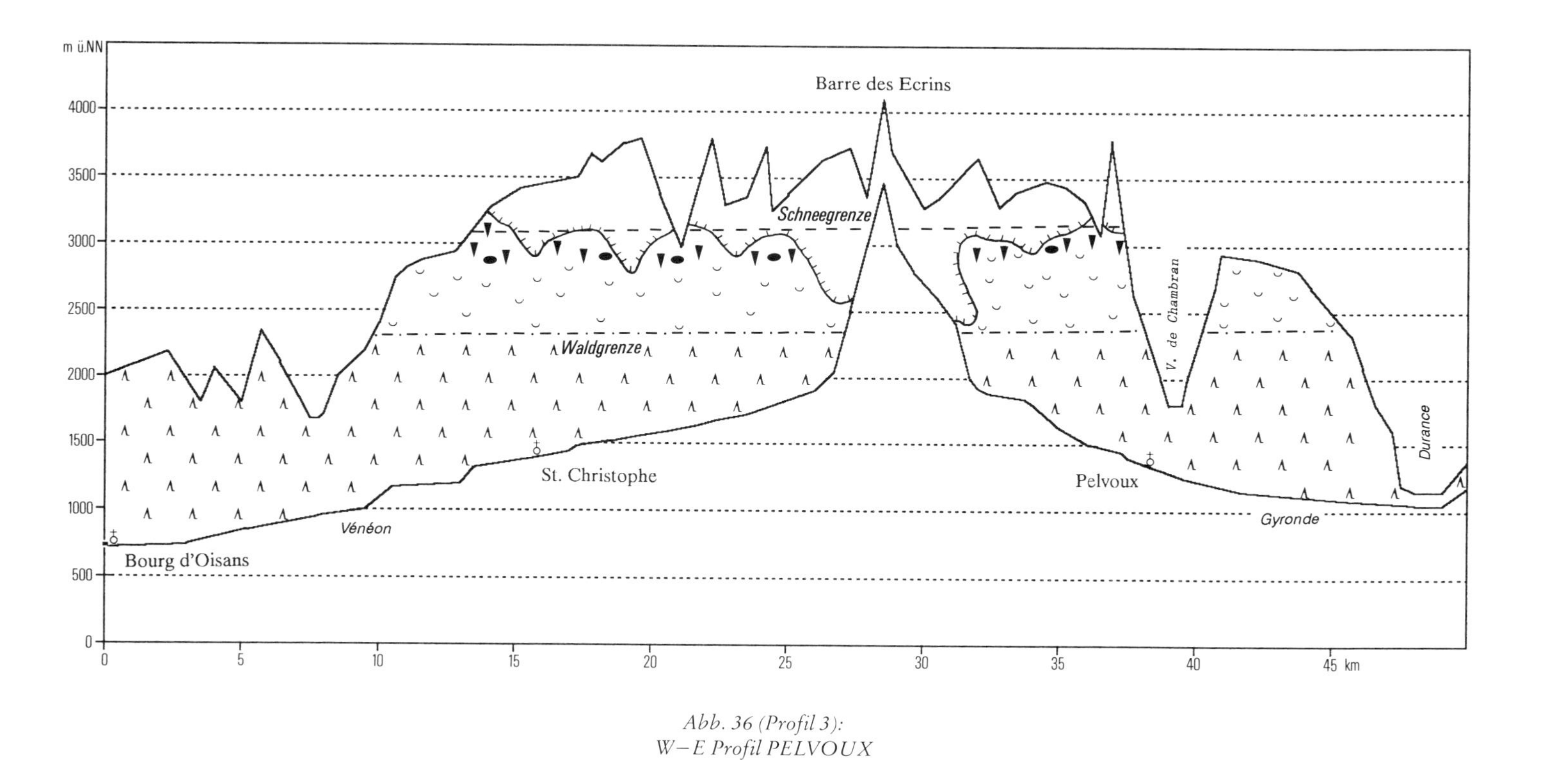

Abb. 36 (Profil 3):
W–E Profil PELVOUX

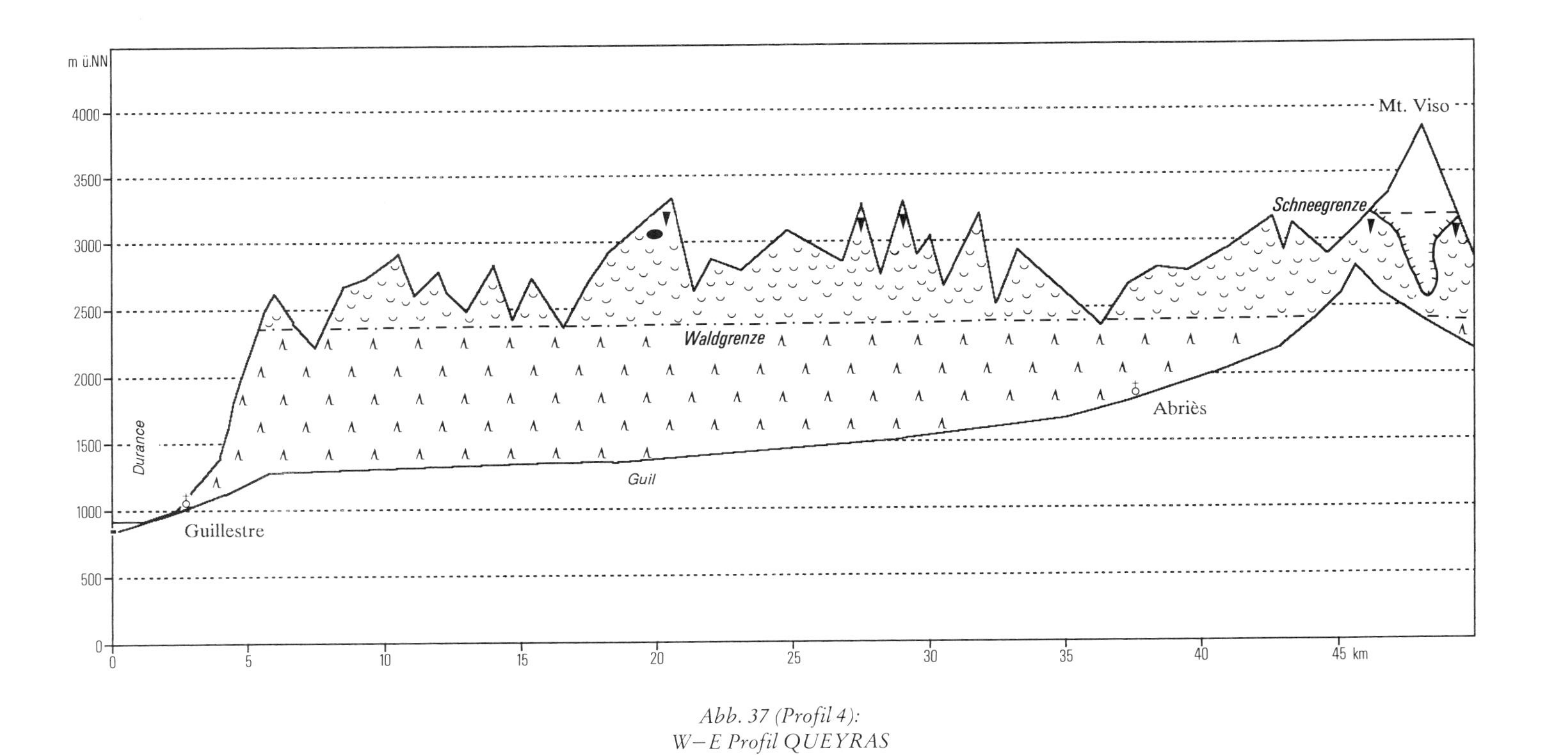

Abb. 37 (Profil 4):
W–E Profil QUEYRAS

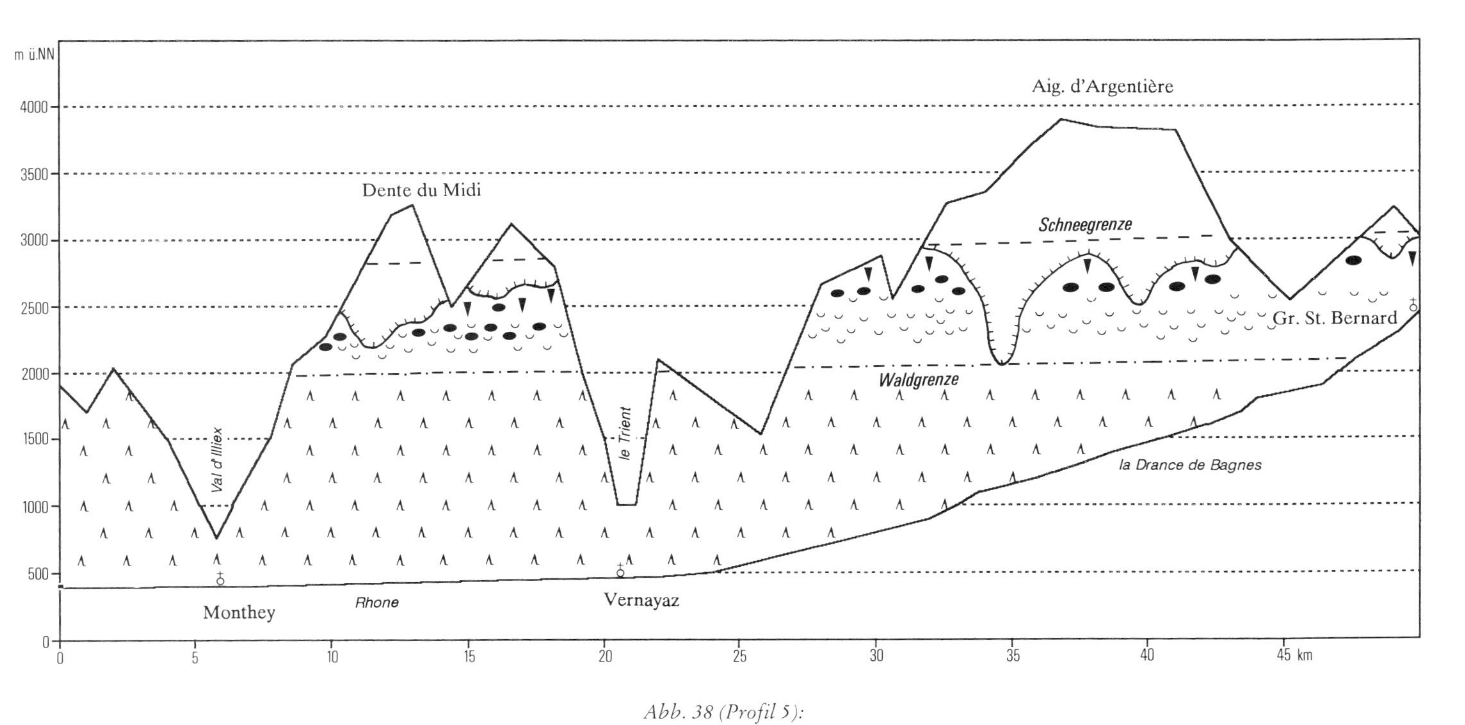

Abb. 38 (Profil 5):
NW–SE Profil DENTE DU MIDI-GR. ST. BERNARD

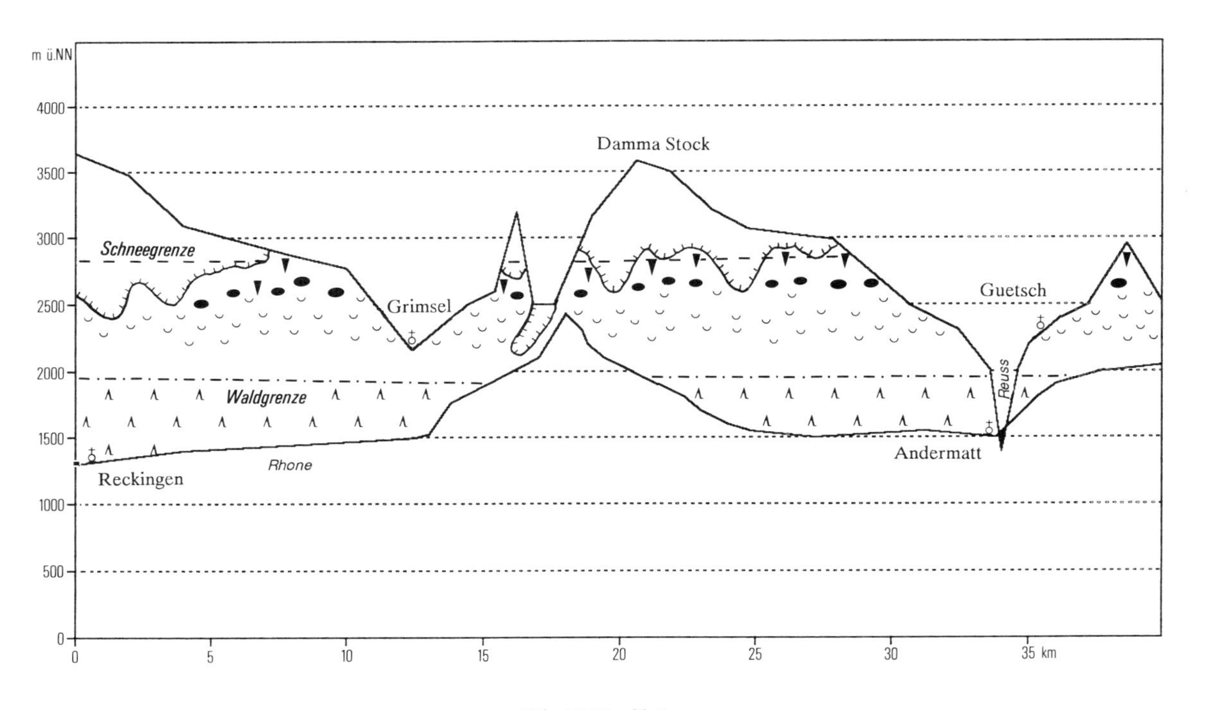

Abb. 39 (Profil 6):
W–E Profil RECKINGEN-FURKA-OBERALPPASS

2. Klimadiagramme

Die Klimadiagramme sind nach WALTER & LIETH aufgebaut. Dabei entsprechen 10 Grad Celsius 20mm Niederschlag auf der Abszisse (ein Skalenteil entspricht 10 °C oder 20mm). Bei Niederschlägen über 100mm (perhumide Monate) werden die Werte auf 1/10 reduziert und schwarz dargestellt. Bei Unterschreiten der Temperaturkurve unter die Niederschlagskurve handelt es sich um einen ariden Monat im Sinne von WALTER & LIETH, und dieser wird gepunktet dargestellt. Die Ordinate gibt die Monate, beginnend mit Januar, an. Neben dem Stationsnamen und der Höhe über Normalnull wurde noch der Zeitraum der jeweiligen Meßreihe, die dem Diagramm zugrunde liegt, in eckigen Klammern angegeben. Bei unterschiedlichen Zeiträumen für Temperatur und Niederschlag wurde dabei zuerst der Zeitraum der Temperaturmeßreihe ausgewiesen.

Zur Lage der Klimastationen in Österreich und Frankreich siehe Abb. 2 und 3.

1–10: Klimastationen der Untersuchungsgebiete in den Hohen Tauern (Österreich), Glockner- und Ankogel-Gruppe

1– 3: Alpennordseite (subkontinental)
4– 6: Höhenstationen und Alpenhauptkamm (subozeanisch)
7–10: Alpensüdseite (inneralpin-subkontinental)

Quelle: Die Niederschläge, Schneeverhältnisse und Lufttemperaturen in Österreich im Zeitraum 1971–80. Beiträge zur Hydrographie Österreichs 46, Wien 1983.
Hydrographisches Jahrbuch von Österreich Bd. 79–88, 1971–80. Wien.

11–20: Klimastationen der Untersuchungsgebiete in der Schweiz

11–13: Gebiet 5 und 6, Dente du Midi-Gr. St. Bernard (inneralpin-subozeanisch)
14–16: Gebiet 7 und 8, Alpennordseite (inneralpin-subozeanisch)
17–18: Gebiet 7 und 8, Rhonetal (inneralpin-subozeanisch)
19–20: Gebiet 7 und 8, Aaregebiet, Alpennordseite (subozeanisch)

Quelle: Annalen der Schweizerischen Meteorologischen Zentralanstalt Bd. 108–117, 1971–80. Zürich.

21–40: Klima- und Niederschlagsstationen der Untersuchungsgebiete in Frankreich, Pelvoux-Massiv, Queyras

21–25: Westseite des Pelvoux-Massives (subozeanisch)
26–30: Durancetal, (inneralpin-submediterran)
31–32: Nordostseite des Pelvoux-Massives (inneralpin-subkontinental)
33–34: Queyras (subkontinental-submediterran)
35–40: Niederschlagsstationen:
  35–38: Westseite des Pelvoux-Massives
  39–40: Östlich der Durance

Quellen: GARNIER, M.: Valeur moyenne des hauteurs des précipitations en France période 1951–70. – Direction de la Météorologie, Monographies 91, Paris.
JAIL, M. & J. MARCHINI: Observations météorologiques dans le département de l'Isère pour l'année 1971–80. Supplément à la Revue de Géographie Alpine (59–68). Commission météorologique de l'Isère.

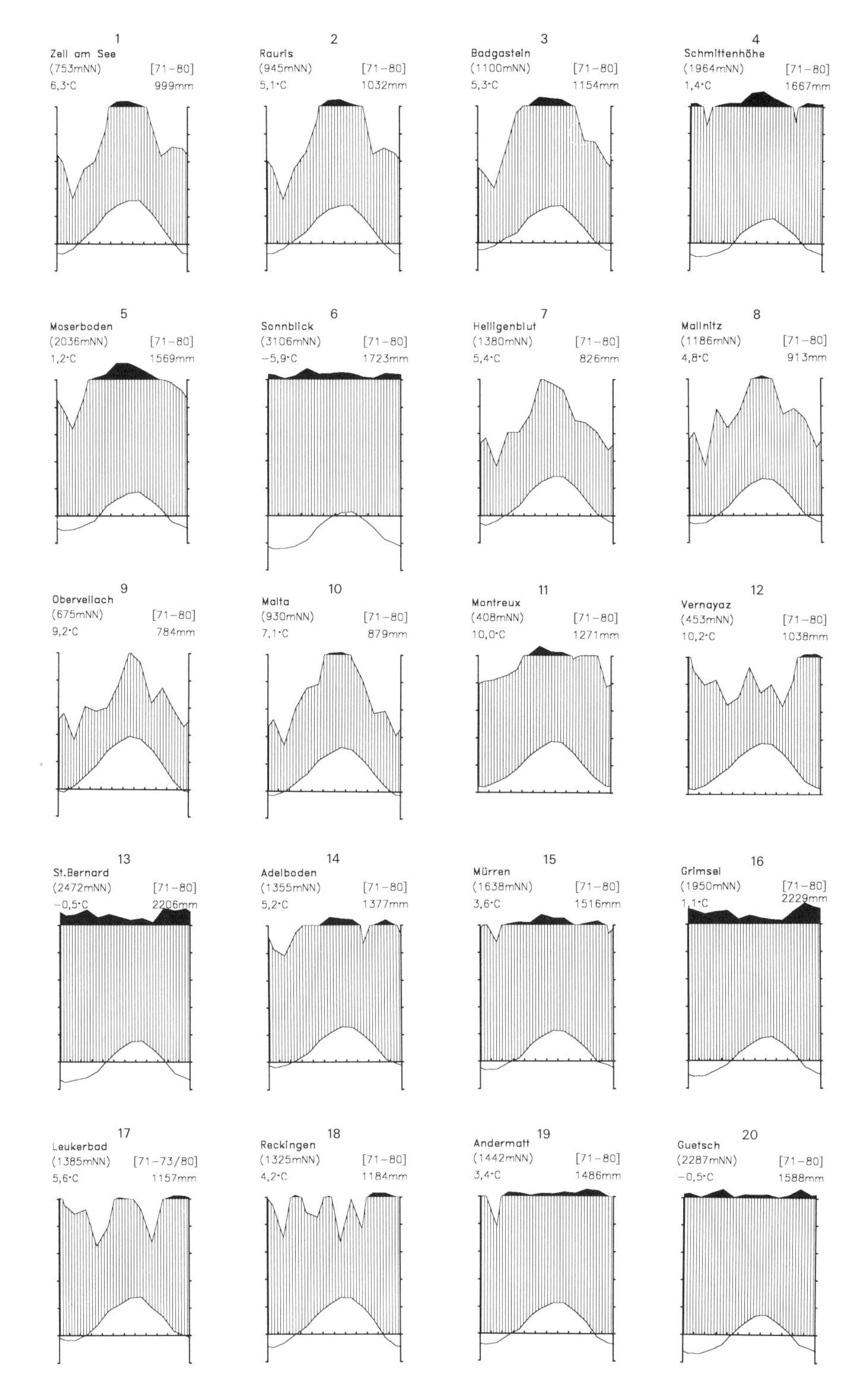
1
Zell am See
(753mNN) [71–80]
6,3·C 999mm
2
Rauris
(945mNN) [71–80]
5,1·C 1032mm
3
Badgastein
(1100mNN) [71–80]
5,3·C 1154mm
4
Schmittenhöhe
(1964mNN) [71–80]
1,4·C 1667mm
5
Moserboden
(2036mNN) [71–80]
1,2·C 1569mm
6
Sonnblick
(3106mNN) [71–80]
–5,9·C 1723mm
7
Heiligenblut
(1380mNN) [71–80]
5,4·C 826mm
8
Mallnitz
(1186mNN) [71–80]
4,8·C 913mm
9
Obervellach
(675mNN) [71–80]
9,2·C 784mm
10
Malta
(930mNN) [71–80]
7,1·C 879mm
11
Montreux
(408mNN) [71–80]
10,0·C 1271mm
12
Vernayaz
(453mNN) [71–80]
10,2·C 1038mm
13
St.Bernard
(2472mNN) [71–80]
–0,5·C 2206mm
14
Adelboden
(1355mNN) [71–80]
5,2·C 1377mm
15
Mürren
(1638mNN) [71–80]
3,6·C 1516mm
16
Grimsel
(1950mNN) [71–80]
1,1·C 2229mm
17
Leukerbad
(1385mNN) [71–73/80]
5,6·C 1157mm
18
Reckingen
(1325mNN) [71–80]
4,2·C 1184mm
19
Andermatt
(1442mNN) [71–80]
3,4·C 1486mm
20
Guetsch
(2287mNN) [71–80]
–0,5·C 1588mm

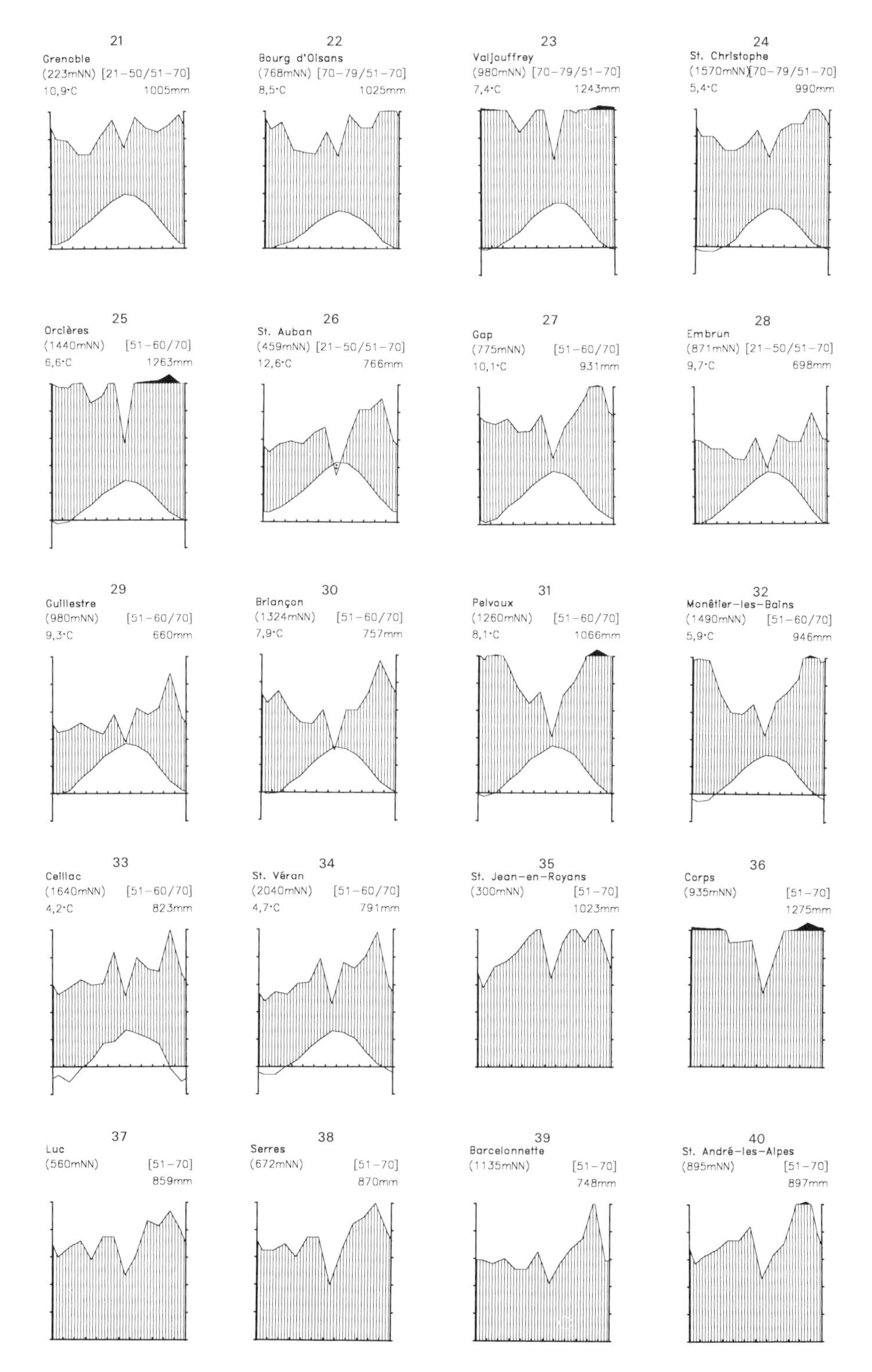
21
Grenoble
(223mNN) [21–50/51–70]
10,9°C 1005mm
22
Bourg d'Oisans
(768mNN) [70–79/51–70]
8,5°C 1025mm
23
Valjouffrey
(980mNN) [70–79/51–70]
7,4°C 1243mm
24
St. Christophe
(1570mNN) [70–79/51–70]
5,4°C 990mm
25
Orcières
(1440mNN) [51–60/70]
6,6°C 1263mm
26
St. Auban
(459mNN) [21–50/51–70]
12,6°C 766mm
27
Gap
(775mNN) [51–60/70]
10,1°C 931mm
28
Embrun
(871mNN) [21–50/51–70]
9,7°C 698mm
29
Guillestre
(980mNN) [51–60/70]
9,3°C 660mm
30
Briançon
(1324mNN) [51–60/70]
7,9°C 757mm
31
Pelvoux
(1260mNN) [51–60/70]
8,1°C 1066mm
32
Monêtier–les–Bains
(1490mNN) [51–60/70]
5,9°C 946mm
33
Ceillac
(1640mNN) [51–60/70]
4,2°C 823mm
34
St. Véran
(2040mNN) [51–60/70]
4,7°C 791mm
35
St. Jean–en–Royans
(300mNN) [51–70]
1023mm
36
Corps
(935mNN) [51–70]
1275mm
37
Luc
(560mNN) [51–70]
859mm
38
Serres
(672mNN) [51–70]
870mm
39
Barcelonnette
(1135mNN) [51–70]
748mm
40
St. André–les–Alpes
(895mNN) [51–70]
897mm

3. Abflußdiagramme

Oben links ist die Größe des Einzugsgebietes in km^2 angegeben. Die durchgezogene Linie stellt die Abflußganglinie des Jahres 1971 und die gerissene Linie den langjährigen mittleren monatlichen Abfluß (6–66 Jahre, über dem Diagramm angegeben) dar. Die Nummerierung wurde von der Originalquelle übernommen. Dabei steht R für das Einzugsgebiet der Rhone, I für das der Isere und U für das der Durance.

Die Lage der Pegelstationen für die einzelnen Abflußdiagramme ist Abbildung 3 zu entnehmen.

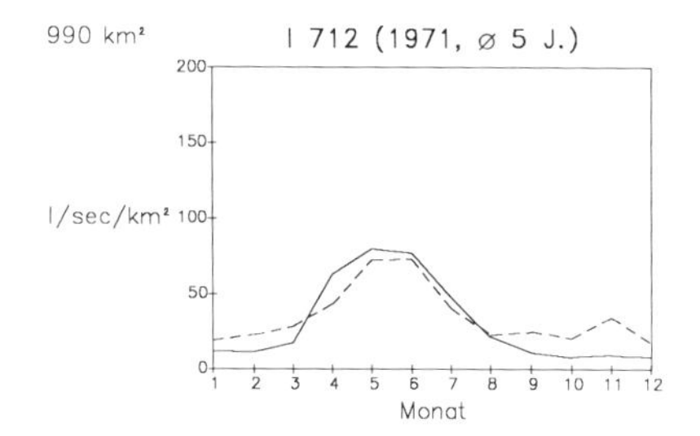

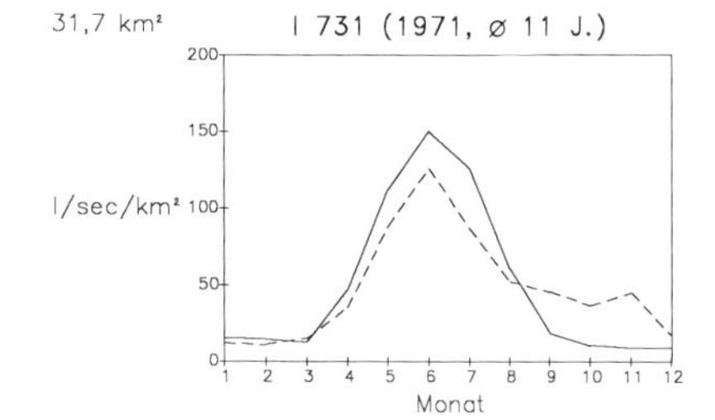

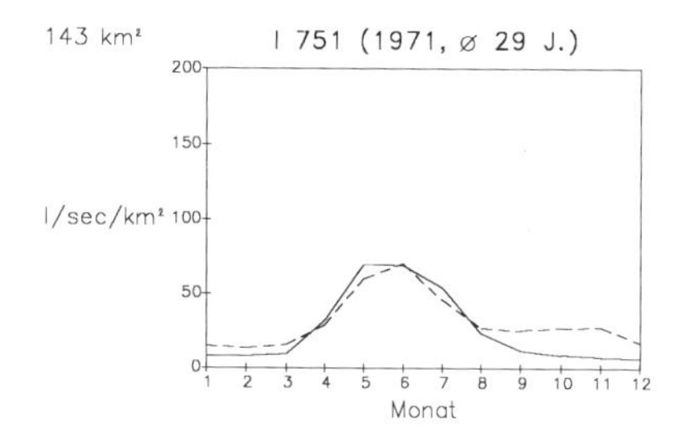

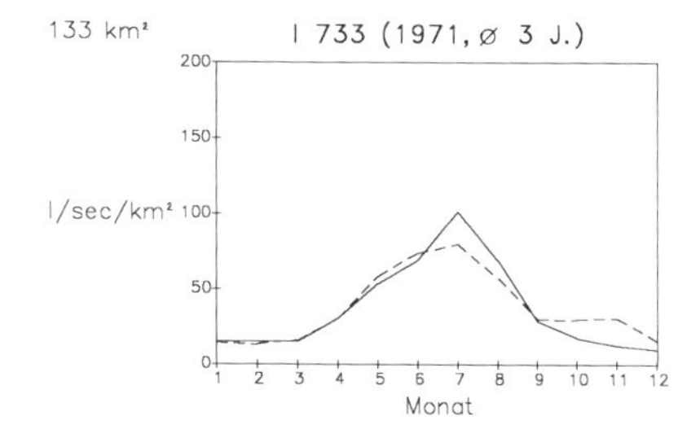

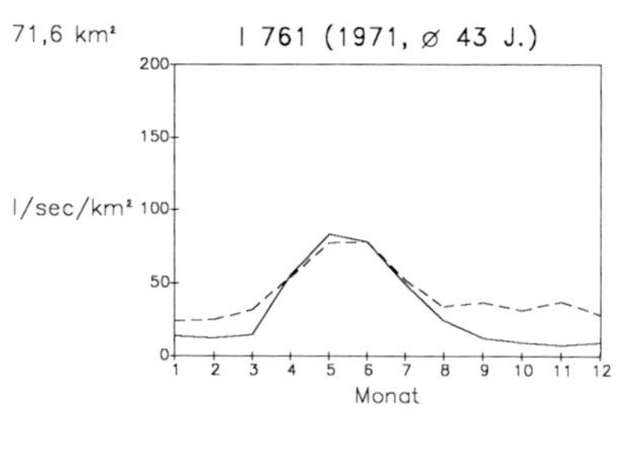
71,6 km²
I 761 (1971, ⌀ 43 J.)
l/sec/km²
Monat

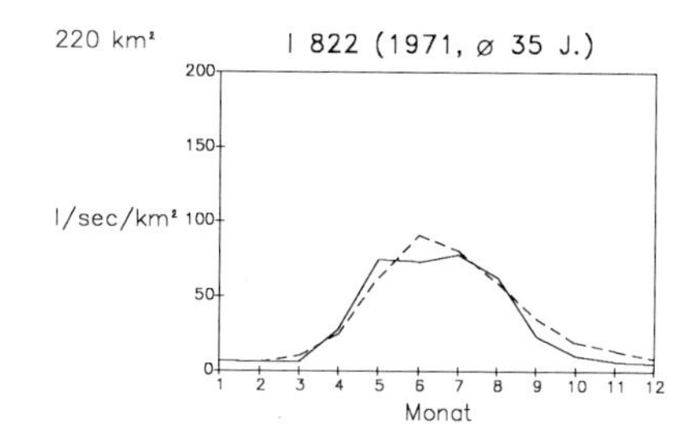
220 km²
I 822 (1971, ⌀ 35 J.)
l/sec/km²
Monat

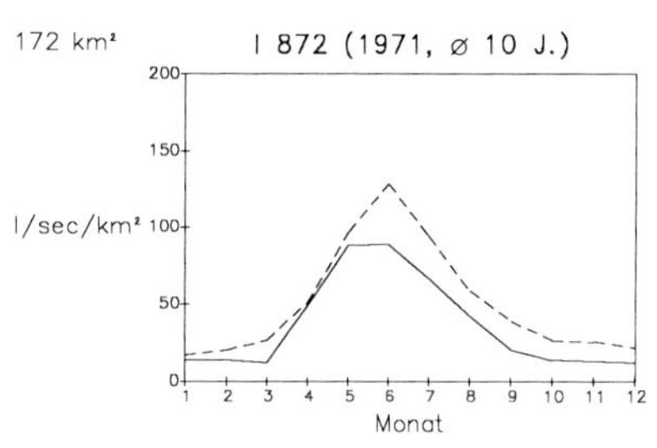
172 km²
I 872 (1971, ⌀ 10 J.)
l/sec/km²
Monat

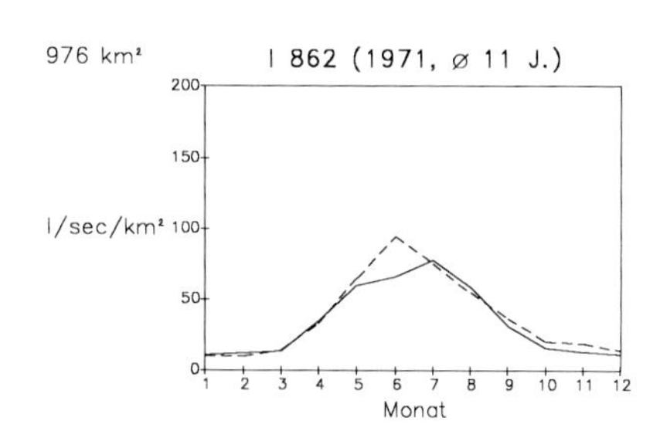
976 km²
I 862 (1971, ⌀ 11 J.)
l/sec/km²
Monat

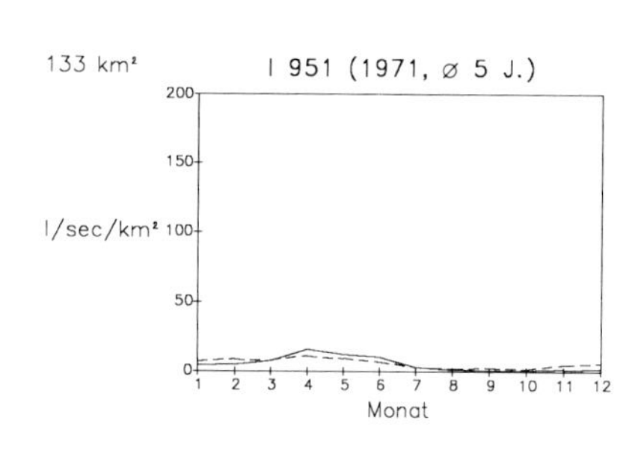
133 km²
I 951 (1971, ⌀ 5 J.)
l/sec/km²
Monat

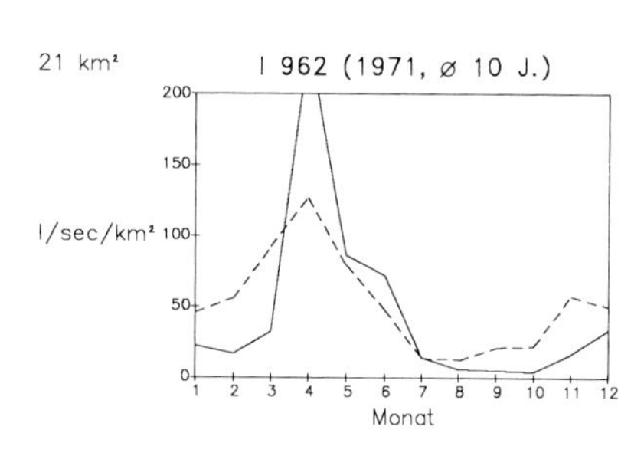
21 km²
I 962 (1971, ⌀ 10 J.)
l/sec/km²
Monat

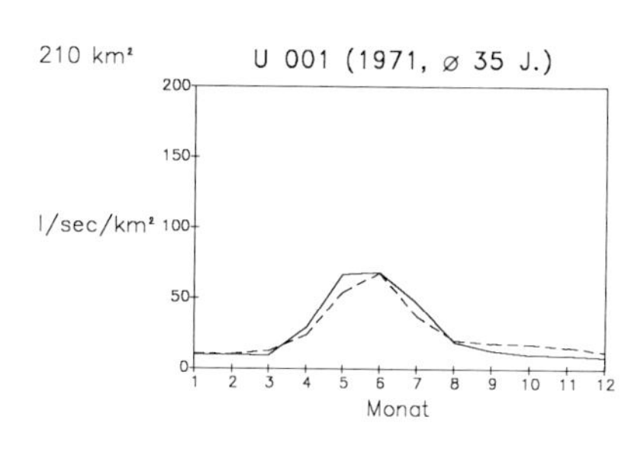
210 km²
U 001 (1971, ⌀ 35 J.)
l/sec/km²
Monat

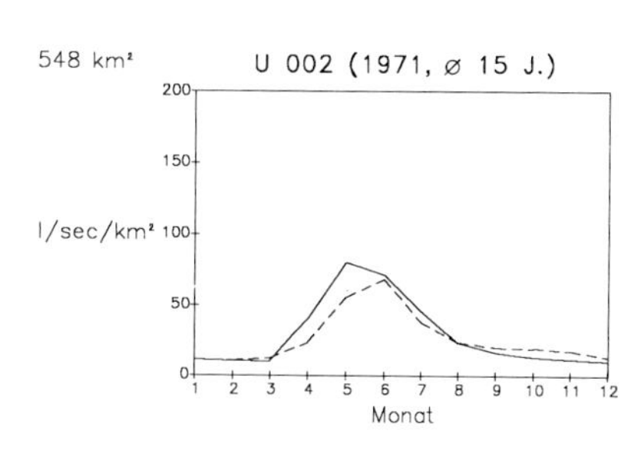
548 km²
U 002 (1971, ⌀ 15 J.)
l/sec/km²
Monat

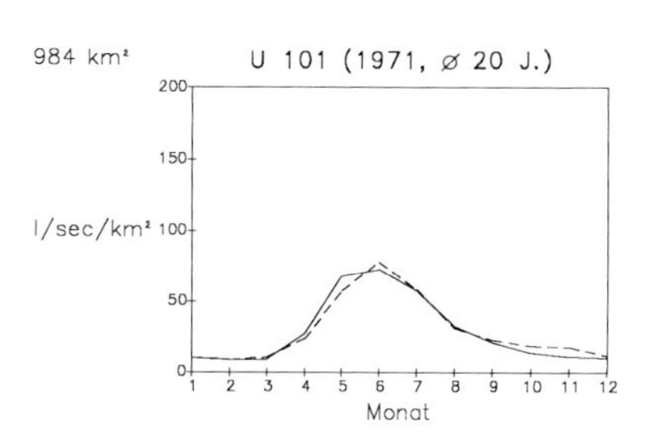
984 km²
U 101 (1971, ⌀ 20 J.)
l/sec/km²
Monat

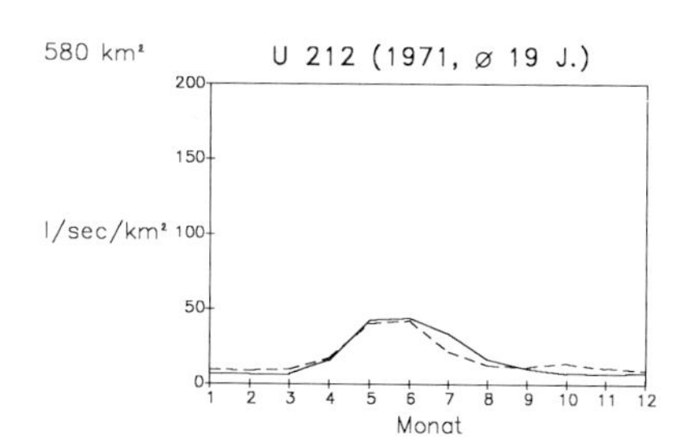
580 km²
U 212 (1971, ⌀ 19 J.)
l/sec/km²
Monat

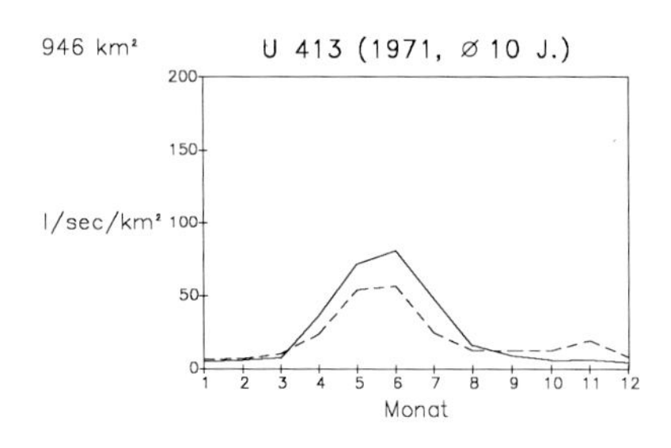
946 km²
U 413 (1971, ⌀ 10 J.)
l/sec/km²
Monat

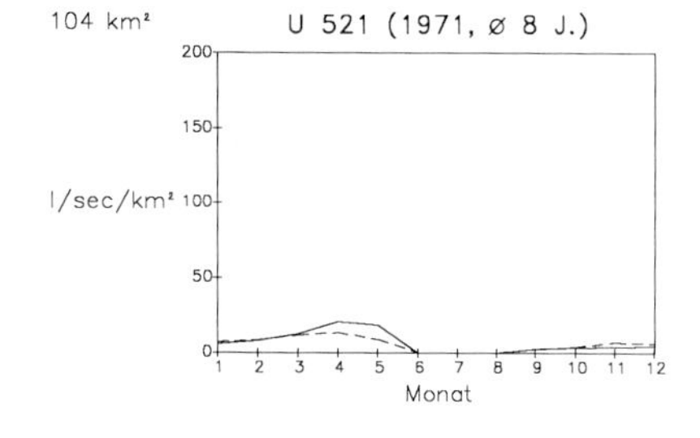
104 km²
U 521 (1971, ⌀ 8 J.)
l/sec/km²
Monat

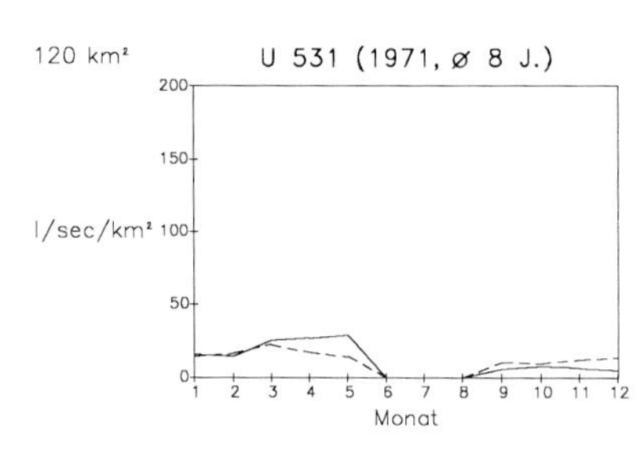
120 km²
U 531 (1971, ⌀ 8 J.)
l/sec/km²
Monat

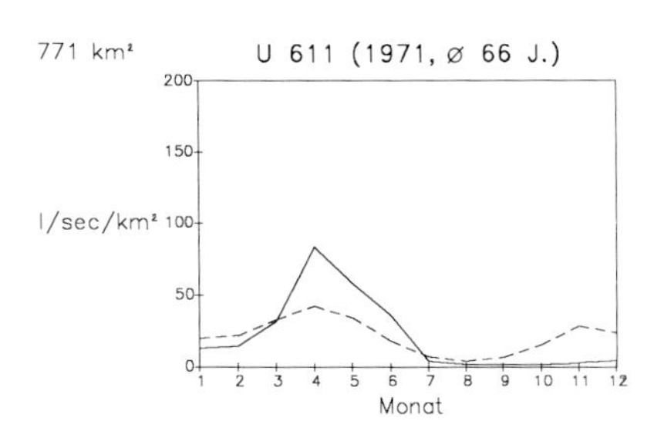
771 km²
U 611 (1971, ⌀ 66 J.)
l/sec/km²
Monat

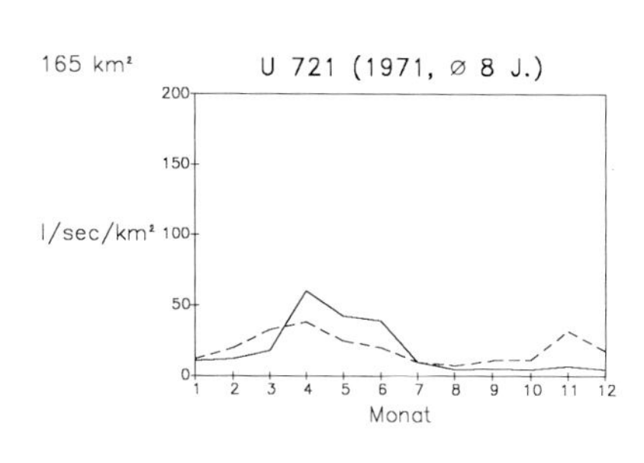
165 km²
U 721 (1971, ⌀ 8 J.)
l/sec/km²
Monat

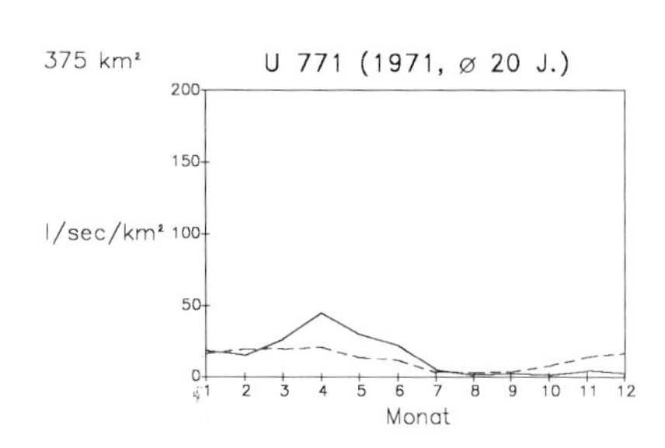
375 km²
U 771 (1971, ⌀ 20 J.)
l/sec/km²
Monat

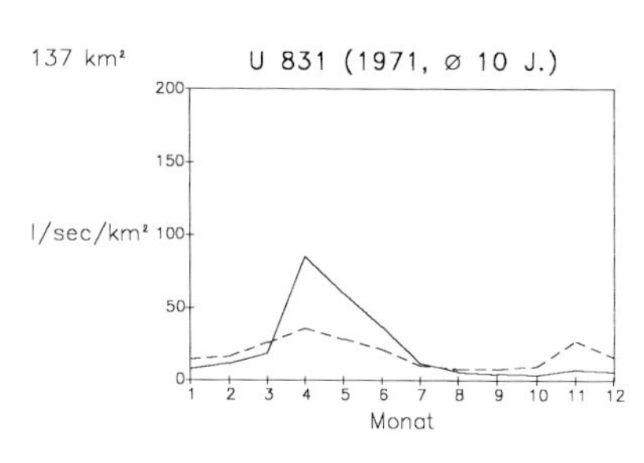
137 km²
U 831 (1971, ⌀ 10 J.)
l/sec/km²
Monat

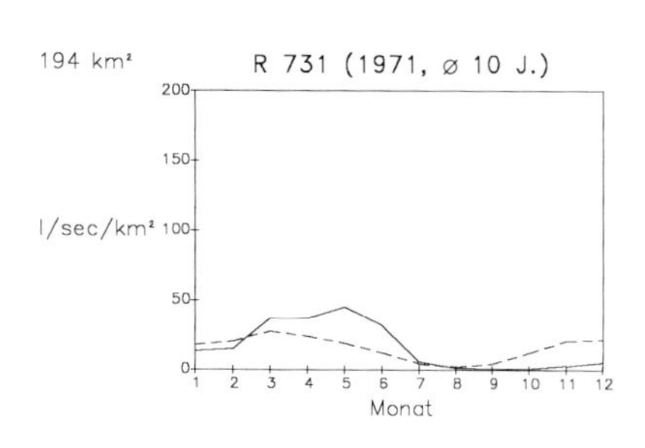
194 km²
R 731 (1971, ⌀ 10 J.)
l/sec/km²
Monat

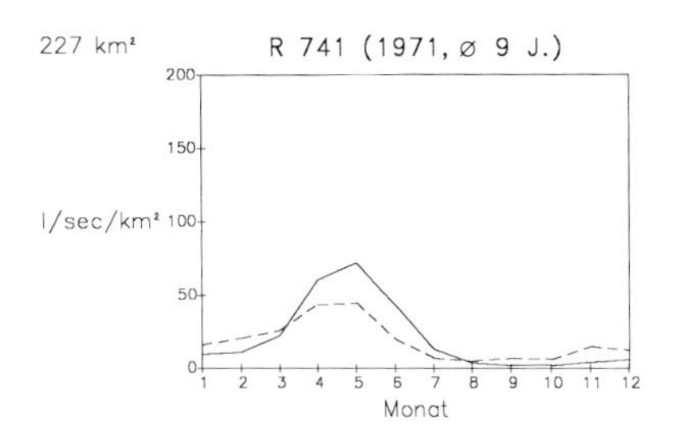
227 km²
R 741 (1971, ⌀ 9 J.)
l/sec/km²
Monat

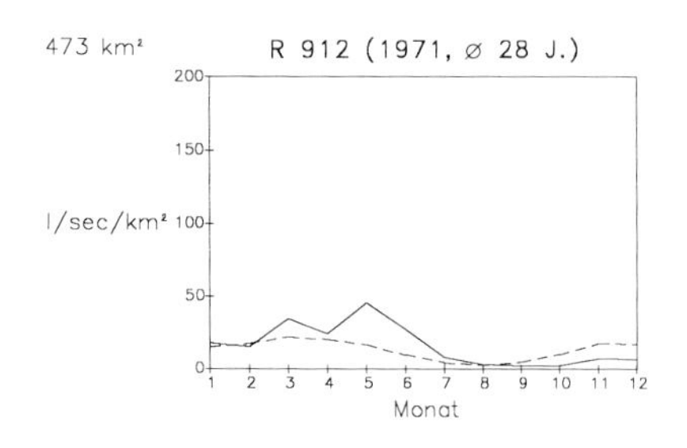
473 km²
R 912 (1971, ⌀ 28 J.)
l/sec/km²
Monat

B. Verzeichnis der verwendeten Karten und Luftbilder

1. Verzeichnis der verwendeten Karten

a) Österreich

Alpenvereinskarten 1 : 25 000:
40 Glocknergruppe, 1982
42 Sonnblickgruppe, 1964
44 Ankogel-Hochalmspitzgruppe, 1979

Österreichische Topographische Karte 1:50 000:
152 Matrei in Osttirol
153 Großglockner
154 Rauris
155 Markt Hofgastein
156 Muhr
181 Obervellach

Geologische Karten:
Geologische Karte des Glocknergebietes 1 : 25 000, CORNELIUS & CLAR, 1929–32.
Ankogel-Hochalmspitz-Gebiet 1 : 50 000, ANGEL & STABER, 1952.
Geologische Karte der Umgebung von Gastein 1 : 50 000, EXNER u.a., 1956.

b) Frankreich

Topographische Karte 1 : 25 000:
3436 St. Christophe-en-Oisans 1–2, 3–4, 5–6, 7–8
3437 Orcières 1–2, 3–4, 7–8
3536 Briançon ouest
3537 Ceillac ouest, est
3637 Aiguilles ouest

Topographische Karte 1 : 50 000:
3435 La Grave
3436 St. Christophe-en-Oisans
3437 Orcières
3536 Briançon
3537 Ceillac
3538 Embrun
3637 Aiguilles

Topographische Karte 1 : 100 000:
54 Grenoble-Gap

Geologische Karten (Carte géologique de la France):
1 : 50 000 La Grave (3435), 1976
1 : 50 000 St-Christophe-en Oisans (3436), 1984
1 : 50 000 Orcières (3437), 1980
1 : 50 000 Guillestre (3537), 1966
1 : 80 000 Briançon (189), 1980
1 : 250 000 Gap (35), 1979

c) Schweiz
Topographische Karte 1 : 25 000:
1231 Urseren
1232 Oberalppass
1267 Gemmi
1304 Val d'Illez
1324 Barbarine
1365 Gd. St. Bernard
Topographische Karte 1 : 50 000:
255 Sustenpass
263 Wildstrubel
265 Nufenenpass
272 St. Maurice
273 Montana
282 Martigny
283 Arolla
293 Valpelline
Geologische Karten:
Geologische Karte der Schweiz 1 : 500 000, Hrsg.: Schweizerische Geol. Kommission, 1972.
Tektonische Karte der Schweiz 1 : 500 000, Hrsg.: Schweizerische Geol. Kommission, 1972.

2. Verzeichnis der verwendeten Luftbilder

a) Österreich
Ankogel-Gruppe: Bildflug Hohe Tauern vom 15.8.83 Nr.: 3067 und 3070 sowie vom 22.7.83 Nr.: 1673 und 1676
Glockner-Gruppe: Bildflug Hohe Tauern vom 22.7.83 Nr.: 1703, 1705, 1778 und 1780.
b) Frankreich
Pelvoux-Massiv: IGN-Flug vom 15.9.80 Nr.: 140, 142, 144, 176, 178–186. IGN-Flug vom 21.8.80 Nr.: 9–16, 35–42. IGN-Flug vom 28.8.81 Nr.: 213–220.
Queyras (Cottische Alpen): IGN-Flug vom 21.8.80 Nr.: 37–43, 48–57, 137–140, 142. IGN-Flug vom 26.7.79 Nr.: 144, 145.

C. LITERATURVERZEICHNIS

ABELE, G. (1969): Vom Eis geformte Bergsturzlandschaften. – Z. Geomorph. N.F., Suppl.-Bd. **8**:119–133.
ABELE, G. (1972): Kinematik und Morphologie spät- und postglazialer Bergstürze in den Alpen. – Z. Geomorph. N.F., Suppl.-Bd. **14**:138–149.
ABELE, G. (1974): Bergstürze in den Alpen. – Wiss. Alpenvereinshefte **25**. München.
ABELE, G. (1984): Schnelle Felsgleitungen, Schuttströme und Blockschwarmbewegungen im Lichte neuerer Untersuchungen. – In: Ruppert, K. (Hrsg.): Geographische Strukturen und Prozeßabläufe im Alpenraum:165–179, Paris.

ALLIX, A. (1923): Nivation et sols polygonaux dans les Alpes françaises. – La Géographie **39**:431–438.
ANDERLE, N. (1971): Zur Frage der hydrogeologischen und bodenkundlichen Ursachen der Hochwasserkatastrophen 1965 und 1966 in Kärnten ausgelösten Hangrutschungen und Muren. – Interprävent **1**:11–21. Villach.
ANGEL, F. & R. STABER (1952): Die Gesteinswelt und der Bau der Hochalm-Ankogel-Gruppe. – Wiss. Alpenvereinshefte **13**, 112 S. u. geol. Karte; München.
ANNAHEIM, H. (1950): The chronological correlation of the morphologic development in the Eastern and Western Alps. – Experiementa **6**:121–125.
ASCENSIO, E. (1983): Aspects climatologiques des départements de la region Provence – Alpes-Côte d'Azur. – Direction de la Météorologie, Monographies **2**, Paris.
BALLANTYNE, C.K. (1985): Nivation landforms and snowpatch erosion on two massivs in the northern Highland of Scottland. – Scottish Geographical Magazine **101**:40–48.
BALLANTYNE, C.K. & M.P. KIRKBRIDE (1986): The characteristics and significance of some lateglacial protallus ramparts in Upland Britain. – Earth Surface Processes and Landforms **11**:659–671.
BARRERE, P. (1962): Le rôle de l'exposition dans la fusion nivale. – Revue géographique des Pyrénées et du Sud-Ouest **3**:129–136.
BARSCH, D. (1977): Alpiner Permafrost – ein Beitrag zur Verbreitung, zum Charakter und zur Ökologie am Beispiel der Schweizer Alpen. – Abh. d. Akad. d. Wiss. Göttingen, Math.-Phys. Kl.3, **31**:118–141.
BARSCH, D. (1983): Blockgletscher-Studien. Zusammenfassung und offene Probleme. – Abh. d. Akad. d. Wiss. Göttingen, Math.-Phys. Kl.3, **35**:133–150.
BARSCH, D., BLÜMEL, W.D., FLÜGEL, W.A., MÄUSBACHER, R., STÄBLEIN, G. & W. ZICK (1985): Untersuchungen zum Periglazial auf der König-Georg-Insel (Südshetlandinseln/Antarktika). – Ber. zur Polarforschung **24**.
BAUMGARTNER, A., REICHEL, E. & G. WEBER (1983): Der Wasserhaushalt der Alpen: Niederschlag, Verdunstung, Abfluß u. Gletscherspende im Gesamtgebiet d. Alpen für d. Normalperiode 1931–1960. München, Wien.
BECKER, H. (1962): Vergleichende Betrachtung der Entstehung von Erdpyramiden in verschiedenen Klimagebieten der Erde. Diss. Köln.
BECKER, H. (1963): Über die Entstehung von Erdpyramiden. – Nachrichten d. Akad. d. Wiss. Göttingen, Math.-Phys. Kl. II, **12**:185–194.
BENEVENT, E. (1926): Le climat des Alpes françaises. Mémorial de l'Office National Météorologique de France No. **11**, Paris.
BERGER, H. (1964): Vorgänge und Formen der Nivation in den Alpen. Klagenfurt.
BEUG, H.-J. (1977): Waldgrenzen und Waldbestand in Europa während des Eiszeitalters. – Göttinger Universitätsreden **61**:5–23.
BEYER, L. (1978): Klimageomorphologische Zonierung und Klimaklassifikation. Diss. Bochum.
BLANCHARD, R. (1943): Les Alpes Occidentales 3, 1.2 Les Grandes Alpes françaises du Nord. Grenoble, Paris. Les Alpes Occidentales 5 (1949) Les Grandes Alpes françaises du Sud. Grenoble, Paris.
BOISVERT, J. (1955): La Neige dans les Alpes françaises. – Revue Géographie Alpine **43**:357–434.
BORTENSCHLAGER, S. (1972): Der pollenanalytische Nachweis von Gletscher- und Klimaschwankungen in Mooren der Ostalpen. – Berichte der Deutschen Botanischen Ges. **85**:113–122.
BOWMAN, I. (1916): The Andes of the Southern Peru. Geographical reconaissance along the 73rd Meridian. 366p, New York (bes. S.285–305).
BÖGEL, H. & K. SCHMIDT (1976): Kleine Geologie der Ostalpen. Thun.
BÖHM, H. (1969): Die Waldgrenze in der Glocknergruppe. – Wiss. Alpenvereinshefte **21**:143–167.
BRAVARD, Y. (1984): Le relief des Alpes occidentales: vers des explications nouvelles? – Revue Géographie Alpine **72**:389–409.
BREMER, H. & H. SPÄTH (1981): Die glaziale Überprägung eines Gebirges. Ein Vergleich von Formen in den Alpen und im Hochland von Sri Lanka. – Sonderveröff. Geol. Inst. Köln **41**:43–57.
BRIEM, E. (1988): Geoökologische Faktoren der Landschaftszerstörung durch erosive Hangentwicklung in der Region Gap-Sisteron (Südalpen). – Karlsruher Geogr. Hefte **16**.
BUNZA, G. (1976): Systematik und Analyse alpiner Massenbewegungen. – Schriftenr. d. Bayer. Landesstelle f. Gewässerkunde **11**, München.

BUNZA, G. & J. KARL (1975): Erläuterungen zur hydrologisch-morphologischen Karte der Bayrischen Alpen. 1 : 25 000. – Bayrisches Landesamt f. Wasserwirtschaft, Sonderheft 7, München.
BURGER, R. & H. FRANZ (1969): Die Bodenbildung in der Pasterzenlandschaft. – Wiss. Alpenvereinshefte **21**:253–266.
BÜDEL, J. (1948): Die klimageomorphologischen Zonen der Polarländer. Erdkunde **2**:22–53.
BÜDEL, J. (1957): Die „doppelten Einebnungsflächen" in den feuchten Tropen. – Z. Geomorph. N.F. **1**:201–228.
BÜDEL, J. (1969a): Der Werdegang der Alpen. Europa und die Wissenschaft. – Wiss. Alpenvereinshefte **21**:13–45.
BÜDEL, J. (1969b): Der Eisrindeneffekt als Motor der Tiefenerosion in der exessiven Talbildungszone. – Würzburger Geogr. Arb. **25**:1–41.
BÜDEL, J. (1981): Klimageomorphologie. 2., veränderte Aufl. Berlin/Stuttgart.
CENTRE DE GÉOMORPHOLOGIE DE CAEN C.N.R.S. – Université d'Aix-en-Provence (1980): Observations sur quelques processus périglaciaires dans le Massif du Chambeyron (Alpes de Haute-Provence). – Rev. Geogr. Alpine **68**: 349–382.
CHARDONNET, J. (1947/48): Le relief des Alpes du Sud. Etude morphologique des regions intra-alpines françaises comprises entre Galibier, Moyenne Durance et Verdon. Thèse Paris 1945,2 Bde. Grenoble.
CHARDON, M. (1984): Montagne et haute montagne alpine, critères et limites morphologiques remarquables en haute montagne. – Revue Géographie Alpine **72**:213–224.
CORNELIUS, H.P. & E. CLAR (1935): Erläuterungen zur geologischen Karte des Glocknergebietes 1 : 25 000. – Verh. Geol. Bundesanstalt Wien.
CORNELIUS, H.P. & E. CLAR (1939): Geologie des Großglocknergebietes, Teil I. – Abh. d. Reichsstelle f. Bodenforschung, Zweigstelle Wien, **25**, 1.
COUTEAUX, M. (1982) Fluctuations glaciaires de la fin du Würm dans les Alpes françaises, établies par des analyses polliniques – Boreas **11**:35–56.
COUTEAUX, M. (1983) Géomorphologie et évolution phytogéographique tardiglaciaires et holocènes aux Deux-Alpes (Isère. France). Contributation pollenanalytique. – Revue Géographie Alpine **71**:143–163.
CRÉCY, L. DE (1980): Avalanche Zoning in France – Regulation and Technical Basis. – Journal of Glaciology **26** (**94**):325–330.
CREUTZBURG, N. (1921): Formen der Eiszeit im Ankogelgebiet. Ostalp. Formenstudien, Berlin.
DEBELMAS, J., PECHER, A. & J.-Cl. BARFETY (1982): Notice explicative d'une carte géologique simplifiée au 100.000e du Parc national des Ecrins et de sa zone périphérique. – Travaux Scientifiques du Parc national des Ecrins T. **2**:7–30.
DEGE, W. (1940): Über Schneefleckenerosion. – Geogr. Anzeiger **41**:8–11.
DEGE, W. (1941): Landformende Vorgänge im eisnahen Gebiet Spitzbergens. – Pet. Geogr. Mitt. **87**:81–97.
DEL-NEGRO, W. (1983): Geologie des Landes Salzburg. – Schriftenr. d. Landespressebüros Salzburg, Sonderpublikation **45**.
DEMANGEOT, J. (1941): Contributation à l'étude de quelques formes de nivation. – Revue de Géographie Alpine **29**:337–352.
DEMEK, J. (1969): Cryogene prozesses and the development of cryoplanation terraces. – Biuletyn Periglacjalny **18**:115–125.
DERBYSHIRE, E. & I.S. EVANS (1976): The climatic factor in cirque variation. – In: Derbyshire, E. (Ed.): Geomorphology and Climate:447–494, Bristol.
DIETZ, K.. (1981): Grundlagen und Methoden geographischer Luftbildinterpretation. – Münchener Geogr. Abh. **25**.
DISTEL, L. (1912): Die Formen alpiner Hochtäler, insbesondere im Gebiet der Hohen Tauern. – Mitt. d. Geogr. Ges. München **7**:1– 132.
DOHRENWEND, J.C. (1984): Nivations Landforms in the Western Great Basin and their Paleoclimatic Significance. – Quaternary Research **22**:275–288.
DORIGO, G. (1971): Die Solifluktionsuntergrenze in den Alpen. – Geogr. Helvetica **26**:140– 141.
DOUGUEDROIT, A. & M.F. SAINTIGNON (1984): Les gradients de températures et de précipitations en montagne. – Revue de Géographie Alpine **72**:225–240.

ELLENBERG, H. (1978): Vegetation Mitteleuropas mit den Alpen in ökologischer Sicht. 2.Aufl., Stuttgart.
EMBELTON, C. & C.A. KING (1975): Periglacial process and environments. London.
EMBELTON, C. & J. THORNES (Eds.) (1979): Process in Geomorphologie. London.
ESCHER, H. (1970): Die Bestimmung der klimatischen Schneegrenze in den Schweizer Alpen. – Geogr. Helvetica **25**:35–43.
ESCHER, H. (1973): Zur Bestimmung des Niveau 365 in den Schweizer Alpen. – Z. Geomorph. N.F., Suppl. Bd. **16**:90–103.
EVIN, M. & A. ASSIER (1973): Mise en évidence de mouvements sur la moraine et le glacier rocheux de Sainte-Anne (Queyras, Alpes du Sud-France). Le rôle de pergélisol alpine. – Revue Géographie Alpine **71**:165–178.
EXNER, Ch. (1957): Erläuterungen zur Geologischen Karte der Umgebung von Gastein 1 : 50 000. Geologische Bundesanstalt. Wien.
EXNER, Ch. (1979a): Geologie des Salzachtales zwischen Taxenbach und Lend. – Jahrbuch Geol. Bundesanstalt **122**:1–73, Wien.
EXNER, Ch. (1979b): Zur Geologie der Ankogel-Hochalmgruppe. – Alpenvereinsjahrbuch 1979 (Zeitschr. Bd. **104**):5–15.
FELS, E. (1929): Das Problem der Karbildung in den Ostalpen. – Petermanns Geogr. Mitteilungen Ergänzungsheft **202**.
FEZER, F. (1957): Eiszeitliche Erscheinungen im nördlichen Schwarzwald. – Forschungen zur Deutschen Landeskunde **87**.
FISCHER, K. (1965): Murkegel, Schwemmkegel und Kegelsimse in den Alpentälern (unter besonderer Berücksichtigung des Vinschgaus). – Mitt. d. Geogr. Ges. München **50**:127–180.
FISCHER, K. (1967): Erdströme in den Alpen. – Mitt. d. Geogr. Ges. München **52**:231–246.
FISCHER, K. (1984): Erläuterungen zur geomorphologischen Karte 1:25 000 der Bundesrepublik Deutschland. – GMK 25 Blatt 16, 8443 Königssee; Berlin.
FITZE, P.F. (1969): Untersuchungen von Solifluktionserscheinungen im Alpenquerprofil zwischen Säntis und Lago di Como. Diss. Zürich.
FLIRI, F. (1974): Niederschlag und Lufttemperatur im Alpenraum. – Wiss. Alpenvereinshefte **24**, Innsbruck.
FLIRI, F. (1975): Das Klima der Alpen im Raume von Tirol. – Monographien zur Landeskunde Tirols, Folge **1**.
FLIRI, F. (1980): Ein Beitrag zur Kenntnis des Jahresganges der Schneehöhe im Alpenraum von Tirol. – Z. f. Gletscherkde. u. Glazialgeol. **16**:1–9.
FLIRI, F. (1984): Synoptische Klimatographie der Alpen zwischen Mont Blanc und Hohen Tauern (Schweiz-Tirol-Oberitalien). – Wiss. Alpenvereinshefte **29**. Innsbruck.
FLIRI, F. (1986): Beiräge zur Kenntnis der jüngsten Klimaschwankungen in Tirol. – Innsbrucker Geogr. Studien **15**.
FRANCOU, B. (1977): Formes d'éboulis dans le Briançonnais. – Revue Géographie Alpine **65**:64–73.
FRANCOU, B. (1982): Chutes de pierres et éboulisation dans les parois de l'étage périglaciaire. – Revue de Géographie Alpine **70**:279–300.
FRANCOU, B. (1983): Régimes thermiques de sols de l'étage périglaciaire et leurs conséquences géomorphologiques. Exemple de la Combe de Laurichard, Alpes de Briançonnais, France. – Géographie physique et Quarternaire **37**:27–38.
FRANK, W. (1969): Geologie der Glocknergruppe. – Wiss. Alpenvereinshefte **21**:117–141.
FRANZ, H. (1980): Die Gesamtdynamik der untersuchten Hochgebirgsböden. – Veröff. d. Österr. MaB-Hochgeb.-Progr. **3**:277–286.
FRASL, G. (1958): Zur Seriengliederung der Schieferhülle in den mittleren Hohen Tauern. – Jahrbuch Geol. Bundesanstalt **101**:323– 472, Wien.
FRASL, G. & W. FRANK (1966): Einführung in die Geologie und Petrographie des Penninikums im Tauernfenster mit besonderer Berücksichtigung des Mittelabschnittes im Oberpinzgau. – Der Aufschluß **15**, Sonderheft; Heidelberg.
FRENZEL, B., Hrsg. (1977): Dendrochronologie und postglaziale Klimaschwankungen in Europa. – Erdwiss. Forschung **13**; Wiesbaden.
FRIEDEL, H. (1953): Wirkungen der Schneeverteilung im Pasterzengebiet. – Carinthia II, **62**/2:16–27.

FRIEDEL, H. (1956): Die alpine Vegetation des oberen Mölltales (Hohe Tauern). – Wiss. Alpenvereinshefte **16**. München, Innsbruck.
FRIEDEL, H. (1961): Schneedeckendauer und Vegetationsentwicklung im Gelände. – Mitt. d. Forstl. Bundesversuchsanstalt Mariabrunn **59**:319–368.
FRIEDEL, H. (1969): Die Pflanzenwelt im Banne des Großglockners und des Pasterzengletschers. – Wiss. Alpenvereinshefte **21**:233–252.
FRITZ, P. (1976): Gesteinsbedingte Standorts- und Formendifferenzierung in den Ostalpen. – Mitt. d. Österr. Geogr. Ges. **118**:237–272.
FURRER, G. (1965a): Die Höhenlage von subnivalen Bodenformen. Zürich.
FURRER, G. (1965b): Die subnivale Höhenstufe und ihre Untergrenze in den Bündener und Walliser Alpen. – Geogr. Helvetica **20**:185–192.
FURRER, G. & F. BACHMANN (1972): Solifluktionsdecken im schweizerischen Hochgebirge als Spiegel der postglazialen Landschaftsentwicklung. – Z. Geomorph. N.F., Suppl. Bd. **13**:163–172.
FURRER, G. & G. DORIGO (1972): Abgrenzung und Gliederung der Hochgebirgsstufe der Alpen mit Hilfe von Solifluktionsformen. – Erdkunde **26**:98–107.
FURRER, G. & P. FITZE (1970a): Beitrag zum Permafrostproblem in den Alpen. – Vierteljahrsschr. Naturf. Ges. Zürich **115**:353–368.
FURRER, G. & P. FITZE (1970b): Die Hochgebirgsstufe – ihre Abgrenzung mit Hilfe der Solifluktionsstufe. – Geogr. Helvetica **25**:156–161.
GALIBIERT, G. (1965): La Haute Montagne alpine. Toulouse.
GAMPER, M. & J. SUTER (1978): Der Einfluß von Temperaturänderungen auf die Länge von Gletscherzungen. – Geogr. Helvetica **33**:183–189.
GAMPER, M. (1981): Heutige Solifluktionsbeträge von Erdströmen und klimamorphologische Interpretation fossiler Böden. – Erg. d. wiss. Untersuchungen im Schweiz. Nationalpark **XV (79)**:355–433.
GAMPER, M. (1985): Morphochronologische Untersuchungen an Solifluktionszungen, Moränen und Schwemmkegeln in den Schweizer Alpen. – Phys. Geogr. **17**. Zürich.
GAMPER, M. (1987): Postglaziale Schwankungen der geomorphologischen Aktivität in den Alpen. – Geogr. Helvetica **42**:77–80.
GAMS, H. (1931/1932): Die klimatische Begrenzung von Pflanzenarealen und die Verteilung der hygrischen Kontinentalität in den Alpen. – Zeitschr. d. Ges. f. Erdkunde 1931:321–346 et 1932:52–68 et 178–198.
GAMS, H. (1936): Die Vegetation des Glocknergebietes. – Abhandl. Zoolog.-Botan. Ges. Wien **16(2)**:1–79.
GARDNER, J. (1969): Snowpatches: their influence on mountain wall temperatures and their geomorphic implications. – Geogr. Annaler **51A**:114–120.
GARLEFF, K. (1983): Probleme der Wand- und Hangformung im periglazialen Milieu. Zusammenfassung von Diskussionsbeiträgen. – Abh. d. Akad. d. Wiss. Göttingen, Math.-Phys. Kl.3, **35**:261–265.
GARNIER, M. (1974): Valeur moyenne des hauteurs des précipitations en France période 1951–70. – Direction de la Météorologie, Monographies **91**, Paris.
GERBER, E. (1969): Bildung und Formung von Gratgipfeln und Felswänden in den Alpen. – Z. Geomorph. N.F., Suppl.-Bd. **8**:94–118.
GERBER, E. (1974): Klassifikation von Schutthalden. – Geogr. Helvetica **29**:73–82.
GIERLOFF-EMDEN, H.G. & H. SCHRÖDER-LANZ (1970/71): Luftbildauswertung, Bd. 1–3. Mannheim, Wien, Zürich.
GRAF, K. (1971a): Beiträge zur Solifluktion in den Bündener Alpen (Schweiz) und in den Anden Perus und Boliviens. Diss.Zürich.
GRAF, K. (1971b): Die Gesteinsabhängigkeit von Solifluktionsformen in der Ostschweiz und in den Anden Perus und Boliviens. – Geogr. Helvetica **26**:160–162.
GRAHMANN, R. (1951): Begriffe in der Quartärforschung. – Eiszeitalter und Gegenwart **1**:69–73.
GROSS, G. (1983): Die Schneegrenze und die Altschneelinie in den österreichischen Alpen. – Innsbrukker Geogr. Studien **8**:59–83.

GROSS, G., KERSCHNER, H. & G. PATZELT (1976): Methodische Untersuchungen über die Schneegrenze in alpinen Gletschergebieten. – Z. f. Gletscherkde. u. Glazialgeol. **12**:223–251.
GRUBER, F. (1980): Die Verstaubung der Hochgebirgsböden im Glocknergebiet. – Veröff. d. Österr. MaB-Hochgeb.-Progr. **3**:69– 90.
GUITER, V. (1972): Une forme montagnarde: Le rockglacier. – Revue Géographie Alpine **60**:467–487.
GWINNER, M.P. (1978): Geologie der Alpen. 2. Aufl., Stuttgart.
HAEBERLI, W. (1978): Special aspects of high mountain permafrost methodology and zonation in the Alpes. – 3rd. Int. Conf. on Permafrost, Proceedings **1**:378–384.
HAEBERLI, W. (1985): Creep of mountain permafrost: Internal structure and flow of alpine rock glaciers. – Mitt. d. Versuchsanstalt f. Wasserbau, Hydrologie und Glaziologie **77**. Zürich.
HAEFELI, R. (1954): Kriechprobleme im Boden, Schnee und Eis. – Wasser und Energiewirtschaft **46 (3)**:51–67.
HAEFELI, R. & M.R. DE QUERVAIN (1955): Gedanken und Anregungen zur Benennung und Einteilung von Lawinen. – Die Alpen **31(4)**:72–77.
HAGEDORN, J. (1970): Zum Problem der Glatthänge. – Z. Geomorph. N.F., **14**:103–113.
HAGEDORN, J. (1979): Klimabedingte Relieftypen und aktuelle Formungsregionen der Erde. – 42.Dt. Geographentag Göttingen. Tagungsbericht u. wiss. Abh., Wiesbaden 1980:50–64.
HAGEDORN, J. (1980): The mountain periglacial zone and its morphological lower limit. – Z. Geomorph. N.F., **36**:96–103.
HAGEDORN, J. (1983): Probleme der Vergesellschaftung der Mesoformen in der periglazialen Höhenstufe verschiedener Landschaftszonen / Referat einer Diskussion. – Abh. d. Akad. d. Wiss. Göttingen, Math.-Phys. Kl.3, **35**:435–443.
HAGEDORN, J. & H. POSER (1974): Räumliche Ordnung der rezenten geomorphologischen Prozesse und Prozesskombinationen auf der Erde. – Abh. d. Akad. d. Wiss. Göttingen, Math.-Phys. Kl.3, **29**:426–439
HALL, K. (1980): Freeze-thaw activity at a nivation site in Northern Norway. – Arctic and Alpine Research **12**:183–194.
HALL, K. (1985): Some observations on ground temperatures and transport processes at a nivation site in Northern Norway. – Norsk Geografisk Tidsskrift **39 (1)**:27–37.
HANTKE, R. (1980): Eiszeitalter. 3 Bde., Thun.
HASTENRATH, S. (1960): Zur vertikalen Verteilung der Frostwechsel- und Schneedecken-Verhältnisse in den Alpen. Diss. Bonn.
HAVLICK, D. (1969): Die Höhenstufe maximaler Niederschlagssummen in den Westalpen. – Freiburger Geogr. Hefte **7**.
HEINE, K. (1977): Beobachtungen und Überlegungen zur eiszeitlichen Depression der Schneegrenze und Strukturbodengrenze in den Tropen und Subtropen. – Erdkunde **31**:161–178
HEMPEL, L. (1952): Abtrag durch Schneekorrasion. – Petermanns Geogr. Mitt. **96**:183–184.
HEMPEL, L. (1966): Klimamorphologische Taltypen und die Frage einer humiden Höhenstufe in europäischen Mittelmeerländern. – Petermanns Geogr. Mitt. **110**:82–96.
HEMPEL, L. (1970): Humide Höhenstufe in den Mediterranländern? – Feddes Repertorium **81**:337–345.
HEMPEL, L. (1986): Rinnen- und Furchennivation – Gestalter ökologischer Kleinräume in und an der Frostschuttstufe mediterraner Hochgebirge. – Abh. aus dem westfälischen Museum f. Naturkunde Münster **48**:355–372.
HEMPEL, L. (1988): Karge Böden in Griechenland als Erbe der Eiszeit? Neue Erkenntnisse zum Ökohaushalt des Mittelmeerraumes. – Forschung. Mitteilungen der DFG 4/88:7–10.
HEUBERGER, H. (1968): Die Alpengletscher im Spät- und Postglazial. – Eiszeitalter und Gegenwart **19**:270–275.
HEUBERGER, H. (1980): Die Schneegrenze als Leithorizont in der Geomorphologie. – Arb. aus d. Geogr. Inst. d. Univ. d. Saarlandes **29**:35–48.
HOINKES, H. (1967a): Über Messungen der Ablation und des Wärmeumsatzes auf Alpengletschern mit Bemerkungen über die Ursachen des Gletscherschwundes in den Alpen. – Int. Assoc. Scient. Hydrologie, Pub. **39**:442–448.

HOINKES, H. (1967b): Gletscherschwankungen und Wetter in den Alpen. – Veröff. d. Schw. Meteorol. Zentralanstalt **4**:9–24.
HOINKES, H. (1970): Methoden und Möglichkeiten von Massenhaushaltsstudien auf Gletschern. Ergebnisse der Meßreihe Hintereisferner (Ötztaler Alpen) 1953–1968. – Z. f. Gletscherkde. u. Glazialgeol. **6**:37–90.
HOINKES, H. (1971): Über Beziehungen zwischen der Massenbilanz des Hintereisferners und Beobachtungen der Klimastation Vent. – Annalen der Meteorologie **5**, Zürich.
HÖLLERMANN, P. (1964): Rezente Verwitterung, Abtragung und Formenschatz in den Zentralalpen am Beispiel des oberen Suldentales (Ortlergruppe). – Z. Geomorph. N.F., Suppl. Bd. **4**.
HÖLLERMANN, P. (1967): Zur Verbreitung rezenter periglazialer Kleinformen in den Pyrenäen und Ostalpen. – Göttinger Geogr. Abh. **40**.
HÖLLERMANN, P. (1972): Beiträge zur Problematik der rezenten Strukturbodengrenze. – Göttinger Geogr. Abh. **60** (Hans-Poser-Festschr.):235–260.
HÖLLERMANN, P. (1976a): Probleme der rezenten geomorphologischen Höhenstufung. – Tagungsbericht und wiss. Abh. 40. Dt. Geographentag Innsbruck 1975:61–75. Wiesbaden.
HÖLLERMANN, P. (1976b): Formen, Formengesellschaften und Untergrenzen in den heutigen periglazialen Höhenstufen der Hochgebirge Europas und Afrikas zwischen Subarktis und Äquator. Bericht über ein geomorphologisches Symposium der Akademie der Wissenschaften in Göttingen vom 19. bis 23. Sept. 1976. – Erdkunde **30**:300–302.
HÖLLERMANN, P. (1983a): Blockgletscher als Mesoformen der Periglazialstufe. Studien aus europäischen und nordamerikanischen Hochgebirgen. – Bonner Geogr. Abh. **67**.
HÖLLERMANN, P. (1983b): Verbreitung und Typisierung von Glatthängen. – Abh. d. Akad. d. Wiss. Göttingen, Math.-Phys. Kl.3, **35**:241–260.
HÖLLERMANN, P. & H. POSER (1977): Grundzüge der räumlichen Ordnung in der heutigen periglazialen Höhenstufe der Gebirge Europas und Afrikas. – Abh. d. Akad. d. Wiss. Göttingen, Math.-Phys. Kl.3, **31**:333–354.
HÖFER, H. v. (1879): Gletscher und Eiszeitstudien. – Sitzungsber. d. Akad. Wiss. Wien, Math.-Naturwiss. Kl. 1 (79):331–367.
HÖVERMANN, J. (1957): Die Periglazial-Erscheinungen im Tegernseegebiet (Bayrische Voralpen). – Göttinger Geogr. Abh. **15**:91–124.
HÖVERMANN, J. (1962): Über Verlauf und Gesetzmäßigkeit der Strukturbodengrenze. – Biuletyn Peryglacjalny **11**:201–207.
HÖVERMANN, J. (1965): 40 Jahre moderne Geomorphologie. In: Hans-Mortensen-Gedenksitzung. – Göttinger Geogr. Abh. **34**:11–19.
HÖVERMANN, J. (1982): Geomorphological landscapes and their development. – Sitzungsberichte u. Mitt. d. Braunschweigischen Wiss. Ges., Sonderheft **6**:43–47.
HÖVERMANN, J. (1985): Das System der klimatischen Geomorphologie auf landschaftskundlicher Grundlage. – Z. Geomorph. N.F., Suppl.-Bd. **56**:143–153.
HÖVERMANN, J. (1987): Morphogenetic Regions in Northeast Xizang (Tibet). – In: J. Hövermann & Wang Wenying (Eds.): Reports of the Qinghai-Xizang (Tibet) Plateau:112–139, Peking.
HÖVERMANN, J. & H. HAGEDORN (1983): Klimatisch-geomorphologische Landschaftstypen. – 44. Dt. Geographentag Münster. Tagungsbericht u. wiss. Abh., Stuttgart 1984:460–466.
JAECKLI, H. (1957): Gegenwartsgeologie des bündnerischen Rheingebiets. – Beiträge zur Geologie der Schweiz, Geotechn. Serie, Lief. **36**.
JAKSCH, K. (1955): Beiträge zur Glazialgeologie des Gasteiner Tales. – Mitteil. Naturwiss. Arbeitsgem. v. Haus d. Natur in Salzburg **6**.
JAKSCH, K. (1979): Die Gletscher der nördlichen Ankogelgruppe. – Alpenvereinsjahrbuch 1979 (Zeitschr. Bd. **104**):28–31.
KARL, J. & J. MANGELSDORF (1976): Die Wildbachtypen der Ostalpen. – Schriftenr. d. Bayer. Landesstelle f. Gewässerkunde **11**:85–102.
KARRASCH, H. (1972): Flächenbildung unter periglazialen Klimabedingungen? – Göttinger Geogr. Abh. **60** (Hans-Poser-Festschr.):155–172.
KARRASCH, H. (1974a): Hangglättung und Kryoplanation an Beispielen aus den Alpen und kanadischen Rocky Mountains. – Abh. d. Akad. d. Wiss. Göttingen, Math.-Phys. Kl.3, **29**:287–300.

KARRASCH, H. (1974b): Probleme der periglazialen Höhenstufe in den Alpen. – Heidelberger Geogr. Arbeiten **40**:15– 29.
KARRASCH, H. (1977): Die klimatischen und aklimatischen Varianzfaktoren der periglazialen Höhenstufe in den Gebirgen West- und Mitteleuropas. – Abh. d. Akad. d. Wiss. Göttingen, Math.-Phys. Kl.3, **35**:310–327.
KARRASCH, H. (1983): Die periglaziale Tal- und Reliefasymmetrie. – Abh. d. Akad. d. Wiss. Göttingen, Math.-Phys. Kl.3, **35**:310–327.
KARTE, J. (1979): Räumliche Abgrenzung und regionale Differenzierung des Periglaziärs. – Bochumer Geogr. Arb. **35**. Paderborn.
KELLETAT, D. (1969): Verbreitung und Vergesellschaftung rezenter Periglazialerscheinungen im Apennin. – Göttinger Geogr. Abh. **48**.
KELLETAT, D. (1970): Verbreitung und Vergesellschaftung rezenter Periglazialerscheinungen im Schottischen Hochland. Untersuchungen zu ihrer Verbreitung und Vergesellschaftung. – Göttinger Geogr. Abh. **51**.
KERSCHNER, H. (1978): Untersuchungen zum Daun- und Egesenstadium in Nordtirol und Graubünden (methodische Überlegungen). – Geogr. Jahresber. aus Österreich **36**:26–49.
KIENHOLZ, H. (1977): Die kombinierte geomorphologische Gefahrenkarte 1 : 10 000 von Grindelwald. – Geographica Bernensia **64**,, Bern.
KLAER, W. (1962a): Untersuchungen zur klimagenetischen Geomorphologie in den Hochgebirgen Vorderasiens. – Heidelberger Geogr. Arbeiten **11**.
KLAER, W. (1962b): Die periglaziale Höhenstufe in den Gebirgen Vorderasiens. Ein Beitrag zur Morphogenese der Hochgebirge in den subtropischen Breiten. – Z. Geomorph. N.F. **6**:17–32.
KLEBELSBERG, R. v. (1948): Handbuch der Gletscherkunde und Glazialgeologie. 2 Bde., Innsbruck.
KLIMPT, H. (1943): Morphogenese der Sonnblickgruppe. – Geogr. Jahresber. aus Österreich **21/22**:1–130.
KOSSINA, E. (1937/38): Die Dauer der Schneedecke in den Ostalpen. – Zeitschr. d. Deutsch. u. Österr. Alpenvereins 1937:242–255 u. 1938:1–9.
KÖLBEL, H. (1984): Die Schnee-Ausaperung im Gurgler Tal (Ötztal, Tirol). Ihre Erfassung, Darstellung und ökologische Aussage. – Salzburger Geogr. Arb. **12**.
KRÜGER, G. (1985): Aktuelle Schneefleckenformung in den Skanden am Beispiel des Kebnekaise, Nord-Lappland. – Unveröff. Diplomarbeit im Fach Geographie der Georg-August-Universität Göttingen.
KUBAT, H. (1972): Die Niederschlagsverteilung in den Alpen mit besonderer Berücksichtigung der jahreszeitlichen Verteilung. – Alpenkundliche Studien **10**. Innsbruck.
KUHLE, M. (1974): Vorläufige Ausführungen morphologischer Feldergebnisse aus dem S/E-Iranischen Hochgebirge am Beispiel des Kuh-i-Jupar. – Z. Geomorph. N.F. **18**:472–483.
KUHLE, M. (1976): Beiträge zur Quartärmorphologie SE-Iranischer Hochgebirge. Die Quartäre Vergletscherung des Kuh-i-Jupar. Göttinger Geogr. Abh. **67**.
KUHLE, M. (1978): Obergrenze von Frostbodenerscheinungen. – Z. Geomorph. N.F. **22**:350–356.
KUHLE, M. (1984): Hanglabilität durch Rutschungen und Solifluktion im Verhältnis zum Pflanzenkleid in den Alpen, den Abruzzen und im Himalaja. – Entwicklung und ländlicher Raum **18(3)**:3–7.
KUHLE, M. (1986): Schneegrenzberechnung und typologische Klassifikation von Gletschern anhand spezifischer Reliefparameter. – Petermanns Geogr. Mitt. **130**:41–51.
KUHLE, M. (1987): Glazial, nival and periglazial environments in Northeastern Qinghai-Xizang Plateau. – In: J. Hövermann & Wang Wenying (Eds.): Reports of the Qinghai-Xizang (Tibet) Plateau:176–244, Peking.
LAATSCH, W. (1974): Hangabtrag durch Schnee in den oberbayrischen Alpen und seine Begünstigung durch unpflegliche Almwirtschaft und Wildverbiß. – Forstwiss. Centralblatt **93**:23–34.
LAATSCH, W. (1977): Die Entstehung von Lawinen im Hochlagenwald. – Forstwiss. Centralblatt **96**:89–93.
LAUSCHER, A. & F. (1975): Die Zeitpunkte größter Schneehöhe in den Ostalpenländern. – Wetter und Leben **27**:26–30.

LAUSCHER, A. & F. (1981): Vom Schneeklima der Ostalpen. Nach Beobachtungen von 38 Höhenstationen in Österreich im Zeitraum 1946 bis 1979. – **76–78.** Jahresbericht des Sonnblick-Vereines f. d. Jahre 1978–80:15–23.

LEHMKUHL, F. (1983): Aktuelle morphogenetische Prozesse am Beispiel des Einzugsgebietes zweier Wildbäche im Fuschertal, Hohe Tauern. – Unveröff. Oberseminararbeit am Geographischen Institut der Universität Göttingen.

LEHMKUHL, F. (1985): Höhenstufen der Formung und typische Formengemeinschaften in der Glockner-Gruppe. – Unveröff. Diplomarbeit im Fach Geographie der Georg-August-Universität Göttingen.

LEHMKUHL, F., BÖHNER, J. & T. ROST (in Vorber.): Die nivale Höhenstufe und ihre klimatische Abgrenzung anhand ausgewählter Gebiete der Alpen und Skandinaviens.

LESER, H. & G. STÄBLEIN (1975): Geomorphologische Kartierung. Richtlinien zur Herstellung geomorphologischer Karten 1 : 25 000. – Berliner Geogr. Arb., Sonderheft.

LEWIS, W.V. (1936): Nivation, rivergrading and shoreline in Iceland. – Geogr. Journal **88**:431–447.

LEWIS, W.V. (1939): Snowpatch erosion in Iceland. – Geogr. Journal **94**:153–161.

LICHTENECKER, N. (1926): Die Rax. – Geogr. Jahresber. Österr. **18**:150–170.

LLIBOUTRY, L. (1965): Traité de Glaciologie. 2 Bd. Paris.

LINICKE, M. (1987): Initialstadien der Schneeformung in den White Mountains, Kalifornien. – Unveröff. Diplomarbeit im Fach Geographie der Georg-August-Universität Göttingen.

LOUIS, H. (1952): Zur Theorie der Gletschererosion in den Tälern. – Eiszeitalter und Gegenwart **2**:12–24.

LOUIS, H. (1955): Schneegrenze und Schneegrenzbestimmung. – Geogr. Taschenbuch 1954/55:414–418.

LOUIS, H. (1962): Die vom Grundrelief bedingten Typen glazialer Erosionslandschaften. – Biuletyn Peryglacjalny **11**:259–279.

LOUIS, H. & K. FISCHER (1979): Allgemeine Geomorphologie. 4.Aufl., Berlin, New York.

LUCKMANN, B.H. (1977): The geomorphic activitity of snow avalanches. – Geogr. Annaler **59A**:31–48

MAISCH, M. (1982): Zur Gletscher- und Klimageschichte des alpinen Spätglazials. – Geogr. Helvetica **37**:93–104.

MAISCH, M. (1988): Die Veränderungen der Gletscherflächen und Schneegrenzen seit dem Hochstand von 1850 im Kanton Graubünden (Schweiz). – Z. Geomorph., Suppl.-Bd. **70**:113–130.

MANI, P. & H. KIENHOLZ (1988): Geomorphogenese im Gasterntal unter besonderer Berücksichtigung neuzeitlicher Gletscherschwankungen. – Z. Geomorph. N.F., Suppl.-Bd. **70**:95–112.

MARTONNE, E. de (1920): Le rôle morphologique de la neige en montagne. – La Geogr. **34**:255–267.

MAULL, O. (1958): Handbuch der Geomorphologie. 2. Aufl., Wien.

MATHYS, H. (1974): Klimatische Aspekte zur Frostverwitterung in der Hochgebirgsregion. – Mitt. d. Naturforschenden Gesellschaft Bern, N.F. **31**:49–62.

MATTHES, F.E. (1900): Glacial sculpture of the Bighorn Mountains, Wyoming. – U.S. Geol. Surv., 21. Annual Report **2**:173–190. Washington.

MESSERLI, B. (1967): Die eiszeitliche und gegenwärtige Vergletscherung im Mittelmeergebiet. – Geogr. Helvetica **22**:105–228.

MESSERLI, B. (1972): Formen und Formungsprozesse in der Hochgebirgsregion des Tibesti. – Hochgebirgsforschung **2**:23–86.

MIOTKE, F.D. & R. v. HODENBERG (1980): Zur Salzsprengung und chemischen Verwitterung in den Darwin Mountains und den Dry Valleys, Victoria Land, Antarktis. – Polarforschung **50 (1/2)**: 45–80.

MORAWITZ, S. (1966): Gebiete besonders starken Formenwandels in den Ostalpen. – Mitt. d. Österr. Geogr. Ges. **108**:48–71.

MORAWITZ, S. (1973): Permafrost-Schneegrenze – Periglazial. – Arb. aus d. Geogr. Inst. d. Univ. Salzburg **3**:37– 44.

MORTENSEN, H. (1954/55): Die „quasinatürliche" Oberflächenformung als Forschungsproblem. – Wiss. Zeitschr. Univ. Greifswald, Math. Nat. Reihe **4,6/7**:625–628.

MÜLLER, F., CAFLISCH, T. & G. MÜLLER (1976): Firn und Eis der Schweizer Alpen. – Geogr. Inst. ETH, Publ. **57**; Zürich.

NYBERG, R. (1985): Debris flows and slush avalanches in northern Swedish Lappland – distribution and geomorphological significance. – Medd. Lunds Univ. Geogr. Inst. Avh. **97**:1–122.
NYBERG, R. (1988): Freeze-thaw activity at snowpatch sites. A progress report of studies in N. and S. Sweden. – Geogr. Annaler **68A**:207–211.
OZENDA, P (1988): Die Vegetation der Alpen im europäischen Gebirgsraum. Stuttgart.
PATZELT, G. (1972): Die spätglazialen Stadien und postglazialen Schwankungen von Ostalpengletschern. – Berichte der Deutschen Botanischen Ges. **85**, H.1–4:47–57.
PATZELT, G. (1977): Der zeitliche Ablauf und das Ausmaß postglazialer Klimaschwankungen in den Alpen. – Erdwiss. Forschung **13**:258–259.
PATZELT, G. (1987): Die Gletscher der österreichischen Alpen 1985/86. – Z. f. Gletscherkde. u. Glazialgeol. **23**:173–189.
PENCK, W. & E. BRÜCKNER (1901–1909): Die Alpen im Eiszeitalter; 3 Bde., Leipzig.
PIPPAN, Th. (1952): Das Kapruner Tal. – Mitt. d. Ges. f. Salzburger Landeskunde **92**:83–123.
PIPPAN, Th. (1957): Geomorphologische Untersuchungen im Stubachtal in den mittleren Hohen Tauern. – Mitt. d. Geogr. Ges. Wien **99**:203–223.
PIPPAN, Th. (1964): Hangstudien im Fuschertal in den mittleren Hohen Tauern in Salzburg unter besonderer Berücksichtigung der tektonischen und petrographischen Einflüsse auf die Hangneigung. – Z. Geomorph. N.F., Suppl. Bd. **5**:136–166.
PIPPAN, Th. (1973): Die Bedeutung meteorologischer Faktoren für die Auslösung gegenwärtiger geomorphologischer Prozesse am Beispiel des Landes Salzburg. – Arb. aus d. Geogr. Inst. d. Univ. Salzburg **3**:168–192.
PIPPAN, Th. (1974): Die Bedeutung der Lawinentätigkeit für gegenwärtige geomorphologische Prozesse im Hochgebirge von Salzburg. – Abh. d. Akad. d. Wiss. Göttingen, Math.-Phys. Kl.3, **29**:301–312.
POSCH, A. (1977): Bodenkundliche Untersuchungen im Bereich der Glocknerstraße in den Hohen Tauern (2300–2600m). – Veröff. d. Österr. MaB-Hochgeb.-Progr. **1**:111–121.
POSER, H. (1933): Das Problem des Strukturbodens. – Geol. Rundschau **24**:105–121.
POSER, H. (1954): Die Periglazial-Erscheinungen in der Umgebung der Gletscher des Zemmgrundes (Zillertaler Alpen). – Göttinger Geogr. Abh. **15**:125–180.
POSER, H. (1974): Geomorphologische Prozesse und Prozesskombinationen in der Gegenwart unter verschiedenen Klimabedingungen. Bericht über ein Symposium, zugleich Report of the Commission on Present Day Geomorphological Processes (IGU). – Abh. d. Akad. d. Wiss. Göttingen, Math.-Phys. Kl.3, **31**:9–12.
POSER, H. (1976): Bemerkungen und Beobachtungen zur Frage des Vorkommens pleistozäner Glazial- und Nivalformen auf Kreta. – Abh. d. Braunschweigischen Wiss. Ges. **26**:7–22.
QUERVAIN, M.R. DE (1966): On avalanche classification: a further contribution. – Int. Ass. of Scientific Hydrologie (IASH), Publ. **69**:410–417.
RAPP, A. (1959): Avalanche boulder tongues in Lappland, Description of little-known forms of periglacial debris accumulations. – Geogr. Annaler **41**:34–48.
RAPP, A. (1982): Periglacial nivation cirques and local glaciations in the rock canyons of Söderasen, Scania, Sweden. A discussion and new inter-pretation. – Geografik Tidsskrift **82**:95–99.
RAPP, A. (1983): Impact of Nivation Steep Slopes in Lappland and Scania, Sweden. – Abh. d. Akad. d. Wiss. Göttingen, Math.-Phys. Kl.3, **29**:263–273.
RAPP, A. (1986): Comperative studies of actual and fossil nivation in north and south Sweden. – Z. Geomorph. N.F., Suppl. Bd. **60**:251–263
RAPP, A., NYBERG, R. & L. LINDH (1986): Nivation and local glaciation in N. and S.Sweden. A progress report. – Geogr. Annaler **68A**:197–205.
RATHJENS, C. (1982): Geographie der Hochgebirge / 1. Der Naturraum. Stuttgart.
RATHJENS, C. (1985a): Erläuterungen zur Geomorphologischen Karte 1:100 000 der Bundesrepublik Deutschland. – GMK 100 Blatt 3, C 8338 Rosenheim; Berlin.
RATHJENS, C. (1985b): Blatt Rosenheim 1:100 000 der Geomorphologischen Karte der Bundesrepublik Deutschland – Fragen der geomorphologischen Detailkartierung im hohen Steilrelief. – Ber. z. dt. Landeskunde **59**:443–460.

RATHJENS, C. (1988): Das Strukturrelief der Nördlichen Kalkalpen in Bayern. – Ber. z. dt. Landeskunde **62**:273–286.

RAU, R.G. (1986): Räumlich-zeitliche Variationen der Schneedeckenparameter einer hochalpinen Schneedecke. – Landschaftsgenese und Landschaftsökologie **11**. Braunschweig.

REHDER, H. (1965): Die Klimatypen der Alpenkarte im Klimadiagramm – Weltatlas (Walter und Lieth) und ihre Beziehungen zur Vegetation. – Flora, Abt. B, **156**:78–93.

REICHEL, E. (1957): Der Zusammenhang zwischen Niederschlag, Temperatur und Verdunstung in den Alpen. – La Météorologie **45–46**:199–205.

RICHTER, D. (1974): Grundriß der Geologie der Alpen. Berlin. New York.

ROLSHOVEN, M. (1976): Jungtertiäre Talentwicklung in den hohen Einzugsgebieten von Durance, Dora Riparia und Chisone (französisch-italienische Alpen). Diss. Augsburg.

ROLSHOVEN, M. (1977): Aktualgeomorphologische Höhenstufen – ein Vergleich aus Ost- und Westalpen. – Mitt. d. Geogr. Ges. München **62**:103–111.

ROLSHOVEN, M. (1982): Alpines Permafrostmilieu in der Lasörlinggruppe / Nördliche Defferegger Alpen (Osttirol). – Polarforschung **52**:55–64.

ROLSHOVEN, M. (1984): Zur Reliefentwicklung in den quellnahen Flußgebieten von Durance und Dora Riparia (französisch-italienische Alpen). – In: Rubert, K. (Hrsg.): Geogr. Strukturen und Prozeß im Alpenraum:181–191, Paris.

ROST, T. (1988): Höhenstufen der Formung in NE-Jotunheimen unter besonderer Berücksichtigung der nivalen Formen – Unveröff. Diplomarbeit im Fach Geographie der Georg-August-Universität Göttingen.

RUDBERG, S. (1972): Periglacial zonation – a discussion. – Göttinger Geogr. Abh. **60** (Hans-Poser-Festschr.):221–233.

RUDBERG, S. (1974): Some Observations Concerning Nivation and Snow Melt in Swedish Lappland. – Abh. d. Akad. d. Wiss. Göttingen, Math.-Phys. Kl.3, **29**:263–273.

SAGAGUCHI, Y. (1973): Über die geomorphologische Entwicklung der Ostalpen. – Z. Geomorph. N.F., Suppl. Bd. **18**:144–155.

SCHAFFHAUSER, H. (1976): Morphologische Beobachtungen in den Hohen Tauern. Beiträge zur Wildbacherosions- und Lawinenforschung. – Mitt. d. Forstl. Bundesversuchsanstalt Wien **115**:53–70.

SCHAUER, T. (1975): Die Blaikenbildung in den Alpen. – Schriftenr. d. Bayer. Landesamtes f. Wasserwirtschaft **1**, München.

SCHIECHTL, M. & R. STERN (1983): Die aktuelle Vegetation der Hohen Tauern. – Veröff. d. Österr. MaB-Hochgeb.-Progr. **6**:33–41.

SCHNEIDER, S. (1974): Luftbild und Luftbildinterpretation. Berlin.

SCHULZE, A. (1986): Vergleichende Untersuchungen zur nivalen und periglazialen Formung in der Sierra Nevada und den White Mountains, Kalifornien.– Unveröff. Diplomarbeit im Fach Geographie der Georg-August-Universität Göttingen.

SCHUNKE, E. (1974): Formungsvorgänge an Schneeflecken im isländischen Hochland. – Abh. d. Akad. d. Wiss. Göttingen, Math.-Phys. Kl.3, **29**:274–286.

SCHUNKE, E. (1975): Die Periglazialerscheinungen Islands in Abhängigkeit von Klima und Substrat. – Abh. d. Akad. d. Wiss. Göttingen, Math.-Phys. Kl.3, **30**;237S.

SCHUNKE, E. (1979): Rezente periglaziäre Morphodynamik auf Angmagssalik O, SE-Grönland. – Polarforschung **49**(1):1–19.

SCHWEIZER, G. (1968): Der Formenschatz des Spät- und Postglazials in den Hohen Seealpen. – Z. Geomorph. Suppl.Bd. **6**.

SCHWINNER, R. (1933): Ungleichseitigkeit der Gebirgskämme in den Ostalpen. – Z. Geomorph. 7:285–290.

SEEFELDNER, E. (1952): Die Entwicklung der Salzburger Alpen im Jungtertiär. – Mitt. d. Geogr. Ges. Wien **94**:179–194.

SEEFELDNER, E. (1961): Salzburg und seine Landschaften – Eine geographische Landeskunde. Salzburg, Stuttgart.

SEEFELDNER, E. (1962): Neuere Ergebnisse zur Morphologie der Salzburger Alpen. – Mitt. d. Naturwiss. Arbeitsgem. v. Haus d. Natur **13**:1–14.

SEEFELDNER, E. (1964): Morphologische Zusammenschau oder Einzelbetrachtung in den Salzburger Alpen? – Z. Geomorph. N.F. **8**:64–71.
SEEFELDNER, E. (1973): Zur Frage der Korrelation der kalkalpinen Hochfluren mit den Altformresten der Zentralalpen. – Mitt. Österr. Geogr. Ges. **115**:106–123.
SERNARCLENS-GRANCY, W. v. (1935): Stadiale Moränen im Hochalmspitz-Ankogel-Gebiet. – Zeitschr. f. Gletscherkunde **23**:153–171.
SERNARCLENS-GRANCY, W. v. (1939): Stadiale Moränen des Hochalmspitz-Ankogel-Gebietes. – Jahrbuch Geol. Bundesanstalt **89**:197–232, Wien.
SPÄTH, H. (1969): Die Großformen im Glocknergebiet. – Wiss. Alpenvereinshefte **21**:95–111.
SPREITZER, H. (1960): Hangformen und Asymmetrie der Bergrücken in den Alpen und im Taurus. – Z. Geomorph. N.F., Suppl. Bd. **1**:211–236.
SPREITZER, H. (1966): Altlandschaften und Vorzeitformen in den österreichischen Donauländern. – Tijdschrift kon.nederl.aardrijkskundig Genootschap **83**:303–310; Leiden.
STEINHAUSER, F. (1970): Die säkularen Änderungen der Schneedeckenverhältnisse in Österreich. – **66–67**. Jahresber. d. Sonnblick-Vereines f. d. Jahre 1968–1969:3–19.
STEINHAUSER, F. (1973): Über die Schneeverhältnisse auf der Glocknerhochalpenstraße. – Arb. aus d. Geogr. Inst. d. Univ. Salzburg **3**:81–100.
STEINHAUSER, F. (1974): Die Schneeverhältnisse Österreichs und ihre ökonomische Bedeutung. – **70.–71.** Jahresber. d. Sonnblick-Vereines f. d. Jahre 1972–1973:3–42.
STEINHAUSER, F. (1976): Die Änderung klimatischer Elemente in Österreich seit 1930. – **72.–73.** Jahresber. d. Sonnblick-Vereines f. d. Jahre 1974–1975:11–32.
STEINHÄUSSER, H. (1951a): Über die Bedeutung der Schneeverhältnisse alpiner Orte auf Grund der Abhängigkeit der Andauer der Schneedecke, der mittleren maximalen Schneehöhe und ihrer Eintrittszeit von der Seehöhe. – Archiv f. Meteorologie, Geophysik und Bioklimatologie,B,**2**:120–128.
STEINHÄUSSER, H. (1951b): Zur Bestimmung des Schneeanteils am Gesamtniederschlag. – Archiv f. Meteorologie, Geophysik und Bioklimatologie,B,**2**:129–133.
STEINHÄUSSER, H. (1975): Die Wasserhaushaltsbilanz des obersten Maltagebietes (Kärnten). – Wetter und Leben **27**:77–82.
STELZER, F. (1962): Frostwechsel und Zone maximaler Verwitterung in den Alpen. – Wetter und Leben **14**:210–213.
STINGL, H. (1969): Ein periglazial-morphologisches Nord-Süd-Profil durch die Ostalpen. – Göttinger Geogr. Abh. **49**.
STINY, J. (1925/26): Neigungswinkel von Schutthalden. – Z. Geomorph. **1**:60–61.
STOCKER, E. (1975): Hangzerschneidung und Phasen der Rinnenbildung am Beispiel des Lenkengrabens, Kreuzeckgruppe. – Arb. aus d. Geogr. Inst. d. Univ. Graz **25**:179–189.
STOCKER, E. (1980): Methodenvergleich moderner geomorphologischer Karten in Hinblick auf deren Anwendbarkeit im alpinen Gelände. – Arb. aus d. Geogr. Inst. d. Univ. Graz **27**:233–240.
ST.-ONGE, D.A. (1969): Nivation Landforms. – Geological Survey of Canada, Paper **69–30**.
THORN, C.E. (1975): A model of nivation processes. – Ann. Assoc. Amer. Geogr. **7**:243–246.
THORN, C.E. (1976): Quantitative evaluation of Nivation in the Colorado Front Range. – Geolog. Soc. Bull. **87**:1169–1178.
THORN, C.E. (1978): The geomorphic role of snow. – Ann. Ass. American Geogr. **68(3)**:414–425.
THORN, C.E. (1979a): Bedrock freeze-thaw weathering regime in an alpine environment, Colorado Front Range. – Earth Surface Processes and Landforms **4**:41–52.
THORN, C.E. (1979b): Ground temperatures and surficial transport in colluvium during snowpatch meltout; Colorado Front Range. – Arctic and Alpine Res. **11**:41–52.
THORN, C.E. (1988): Nivation: A geomorphic chimera. – In: Clark, M.J. (Ed.): Advances in Periglacial Geomorphologie:3–31.
THORN, C.E. & K. HALL (1980): Nivation: An arctic-alpine comparison and reappraisal. – Journal of Glaciology **25(91)**:109–124.
TOLLMANN, A. (1968): Die paläogeographische, paläomorphologische und morphologische Entwicklung der Ostalpen. – Mitt. Öster. Geogr. Ges. **110**:224–244; Wien.
TOLLMANN, A. (1980): Das östliche Tauernfenster. – Mitt. d. Österr. Geolog. Ges. **71/72**:73–79, Wien.

TOLLMANN, A. (1986a): Die Entwicklung des Reliefs der Ostalpen. – Mitt. Österr. Geogr. Ges. **128**:62–72; Wien.
TOLLMANN, A. (1986b): Geologie von Österreich, Band III. Wien.
TOLLNER, H. (1952): Wetter und Klima im Gebiete des Großglockners. – Carithia II, Sonderheft **14**, 136, XII.
TOLLNER, H. (1969): Klima, Witterung und Wetter in der Großglocknergruppe. Neuere Forschungen im Umkreis der Glocknergruppe. – Wiss. Alpenvereinshefte **21**:83–94.
TRICART, J. (1961): Phénomènes démesurés et régime permanent dans des basins montagnards (Queyras et Ubaye, Alpes françaises). – Revue de géomorphologie dynamique **23**:99–114.
TRICART, J. (1969): Geomorphology of Cold Environments. London.
TRICART, J.F. (1981): Quelques aspects de la nivation Würmienne dans les Vogeses du Nord. – Recherches Géographiques à Strasbourg **16–17**:61–65.
TROLL, C. (1944): Strukturböden, Solifluktion und Frostklimate der Erde. – Geolog. Rundschau **34**:543–694.
TROLL, C. (1948): Der subnivale oder periglaziale Zyklus der Denudation. – Erdkunde **2**:1–21.
TROLL, C. (1955): Klimatypen an der Schneegrenze. – Actes IV Congrès Inqua, Rome-Pise 1953:820–830.
UTTINGER, H. (1951): Zur Höhenabhängigkeit der Niederschlagsmenge in den Alpen. – Archiv f. Meteorologie, Geophysik und Bioklimatologie, B, **2**:360–382
VEIT, H. (1987): Untersuchungen zur spätglazialen Talentwicklung in Osttirol. – Z. Geomorph. N.F., Suppl. Bd. **66**:83–93.
VEIT, H. (1988): Fluviale und solifluidale Morphodynamik des Spät- und Postglazials in einem zentralalpinen Flußeinzugsgebiet (südliche Hohe Tauern, Osttirol). – Bayreuther Geowiss. Arb. **13**.
VERNET, J. (1952): Feuilles de Sainte-Christophe, de la Mure et d'Orcieres au 1 : 50 000. – Bull. du Service de la Carte Géologique de la France Bd. **50(237)**:167– 174.
VIVIAN, R. (1975): Les Glaciers des Alpes occidentales. Grenoble.
VIVIAN, R. (1976): Glaciers alpines et chronologie holocène. – Bull. Assoc. Géogr. Française **433**:105–118.
VORNDRAN, E. (1969): Untersuchungen über Schuttentstehung und Ablagerung in der Hochregion der Silvretta Ostalpen). – Schriften des Geogr. Instituts der Univ. Kiel **29**, H. 3.
WAKONIGG, H. (1973): Die Hohen Tauern als Wetter- und Klimascheide. – Arb. aus d. Geogr. Inst. d. Univ. Salzburg **3**:59–80.
WAKONIGG, H. (1975): Die Schneeverhältnisse des österreichischen Alpenraumes (1950–1960). – Wetter und Leben **27**:193–203.
WALTHER, H. & H. LIETH (1960): Klimadiagramm – Weltatlas. Jena.
WANG JINTAI (1987): Climatic geomorphology of the Northeastern part of the Qinghai-Xizang Plateau. – In: J. Hövermann & Wang Wenying (Eds.): Reports of the Qinghai-Xizang (Tibet) Plateau:140–175, Peking.
WASHBURN, A.L. (1973): Periglacial Geomorphology. London.
WASHBURN, A.L. (1979): Geocryology. London.
WEGMÜLLER, S. (1977): Pollenanalytische Untersuchungen zur Spät- und Postglazialen Vegetationsgeschichte der französischen Alpen. Bern.
WEISS, E. (1976) Das meteorologische Meßnetz in den Hohen Tauern im Rahmen des Man and Biosphere-Hochgebirgsprogrammes. – Wetter und Leben **28**:264–269.
WEISS, E. (1977): Makroklimatische Hinweise für den alpinen Grasheidegürtel in den Hohen Tauern und Beschreibung des Witterungsablaufes während der Projektstudie 1976 im Bereich des Wallackhauses. – Veröff. d. Österr. MaB-Hochgeb.-Progr. **1**:11–24.
WILHELMY, H. (1975a): Grundzüge einer klimageomorphologischen Regionalgliederung der Erde. – Geogr. Rundschau **27**:365–376.
WILHELMY, H. (1975b): Die klimageomorphologischen Zonen und Höhenstufen der Erde. – Z. Geomorph. N.F. **19**:353–376.
WILHELMY, H. (1981) Geomorphologie in Stichworten. 4 Bde., 4 Aufl., Coburg. (1.Aufl. 1975).
WILHELM, F. (1975): Schnee- und Gletscherkunde. Berlin.
WILLIAMS, J.E. (1949): Chemical weathering at low temperatures. – Geogr. Rev **39**:129–135.

WINKLER-HERMADEN, A. (1957): Geologisches Kräftespiel und Landformung. Wien.
WINTERBERICHT des Amtlichen Lawinendienstes des Bundeslandes Salzburg für die Winter 1985/86, 1986/87, 1987/88. Salzburg 1986, 1987, 1988.
WHITE, S.E. (1976): Is frost action really only hydration shattering? – A review. – Arctic and Alpine Research **8**:1–6.
ZAUCHNER, J. (1975): Die ostalpinen Wetterlagen und ihre Auswirkung auf die Niederschlagsstruktur Kärntens 1948–1967. – Arb. aus d. Geogr. Inst. d. Univ. Graz **21**.
ZENKE, B. (1985): Der Einfluß abnehmender Bestandsvitalität auf die Reichweite und Häufigkeit von Lawinen. – Forstwiss. Centralblatt **104**:137–145.
ZINGG, T. (1954): Die Bestimmung der Schneegrenze auf klimatologischer Grundlage. – Mitt. des Eidg. Inst. f. Schnee- und Lawinenforschung **12**:848–854.
ZOLLER, H. (1987): Zur Geschichte der Vegetation im Spätglazial und Holozän der Schweiz. – Mitt. d. Naturforschenden Gesellschaft Luzern **29**:123–149.

GÖTTINGER GEOGRAPHISCHE ABHANDLUNGEN

Herausgegeben vom Vorstand des Geographischen Instituts der Universität Göttingen
Schriftleitung: Karl-Heinz Pörtge

Heft 33: **Rohdenburg, Heinrich: Die Muschelkalk-Schichtstufe am Ostrand des Sollings und Bramwaldes.** Eine morphogenetische Untersuchung unter besonderer Berücksichtigung der jungquartären Hangformung. Göttingen 1965. 94 Seiten mit 24 Abbildungen und 4 Karten. Preis 8,50 DM.

Heft 35: **Goedeke, Richard: Die Oberflächenformen des Elm.** Göttingen 1966. 95 Seiten mit 16 Textabbildungen und 6 Beilagen. Preis 9,60 DM.

Heft 39: **Uthoff, Dieter: Der Pendelverkehr im Raum um Hildesheim.** Eine genetische Untersuchung zu seiner Raumwirksamkeit. Göttingen 1967. 250 Seiten mit 21 Abbildungen und 34 Karten. Preis 24,60 DM.

Heft 40: **Höllermann, Peter Wilhelm: Zur Verbreitung rezenter periglazialer Kleinformen in den Pyrenäen und Ostalpen** (mit Ergänzungen aus dem Apennin und dem Französischen Zentralplateau). Göttingen 1967. 198 Seiten mit 41 Abbildungen. Preis 24,– DM.

Heft 41: **Bartels, Gerhard: Geomorphologie des Hildesheimer Waldes.** Göttingen 1967. 138 Seiten mit 18 Textabbildungen und 5 Beilagen. Preis 10,50 DM.

Heft 42: **Krüger, Rainer: Typologie des Waldhufendorfes nach Einzelformen und deren Verbreitungsmustern.** Göttingen 1967. 190 Seiten mit 13 Textabbildungen, 3 Tafeln und 14 Karten. Preis 16,50 DM.

Heft 43: **Schunke, Ekkehard: Die Schichtstufenhänge im Leine-Weser-Bergland in Abhängigkeit vom geologischen Bau und Klima.** Göttingen 1968. 219 Seiten mit 1 Textabbildung und 3 Beilagen. Preis 15,45 DM.

Heft 44: **Garleff, Karsten: Geomorphologische Untersuchungen an geschlossenen Hohlformen („Kaven") des Niedersächsischen Tieflandes.** Göttingen 1968. 142 Seiten mit 13 Textabbildungen und 1 Beilage. Preis 12,50 DM.

Heft 45: **Brosche, Karl-Ulrich: Struktur- und Skulpturformen im nördlichen und nordwestlichen Harzvorland.** Göttingen 1968. 236 Seiten mit 2 Textabbildungen und 10 Beilagen. Preis 16,50 DM.

Heft 46: **Hütteroth, Wolf-Dieter: Ländliche Siedlungen im südlichen Inneranatolien in den letzten vierhundert Jahren.** Göttingen 1968. 233 Seiten mit 91 Textabbildungen und 5 Beilagen. Preis 37,50 DM.

Heft 47: **Vogt, Klaus-Dieter: Uelzen – Seine Stadt-Umland-Beziehungen in historisch-geographischer Betrachtung.** Göttingen 1968. 178 Seiten mit 38 Abbildungen als Beilagen. Preis 12,– DM.

Heft 48: **Kelletat, Dieter: Verbreitung und Vergesellschaftung rezenter Periglazialerscheinungen im Apennin.** Göttingen 1969. 114 Seiten mit 36 Abbildungen und 4 Beilagen. Preis 14,– DM.

Heft 49: **Stingl, Helmut: Ein periglazial-morphologisches Nord-Süd-Profil durch die Ostalpen.** Göttingen 1969. 120 Seiten mit 36 Abbildungen und 4 Beilagen. Preis 15,– DM.

Heft 50: **Hagedorn, Jürgen: Beiträge zur Quartärmorphologie griechischer Hochgebirge.** Göttingen 1969. 135 Seiten mit 44 Abbildungen. Preis 16,50 DM.

Heft 51: **Garleff, Karsten: Verbreitung und Vergesellschaftung rezenter Periglazialerscheinungen in Skandinavien.** 60 Seiten und 20 Abbildungen.

Kelletat, Dieter: Rezente Periglazialerscheinungen im schottischen Hochland. 74 Seiten, 25 Abbildungen und 2 Karten. Göttingen 1970. Preis 13,50 DM.

Heft 52: **Uthoff, Dieter: Der Fremdenverkehr im Solling und seinen Randgebieten.** Göttingen 1970. 182 Seiten mit 35 Abbildungen. Preis 19,80 DM.

Heft 53: **Marten, Horst-Rüdiger: Die Entwicklung der Kulturlandschaft im alten Amt Aerzen des Landkreises Hameln-Pyrmont.** Göttingen 1969. 205 Seiten mit 23 Figuren und 22 Abbildungen im Text und 53 Beilagen. Preis 27,– DM.

Heft 54: **Denecke, Dietrich: Methodische Untersuchungen zur historisch-geographischen Wegeforschung im Raum zwischen Solling und Harz.** Ein Beitrag zur Rekonstruktion der mittelalterlichen Kulturlandschaft. Göttingen 1969. 424 Seiten mit 60 Abbildungen und 1 Beilage. Preis 27,– DM.

Heft 55: **Fliedner, Dietrich: Die Kulturlandschaft der Hamme-Wümme-Niederung.** Gestalt und Entwicklung des Siedlungsraumes nördlich von Bremen. Göttingen 1970. 208 Seiten mit 29 Abbildungen. Preis 36,– DM.

Heft 56: **Karrasch, Heinz: Das Phänomen der klimabedingten Reliefsymmetrie in Mitteleuropa.** Göttingen 1970. 300 Seiten mit 82 Abbildungen und 7 Beilagen. Preis 32,– DM.

Heft 57: **Josuweit, Werner: Die Betriebsgröße als agrarräumlicher Steuerungsfaktor im heutigen Kulturlandschaftsgefüge.** Analyse dreier Gemarkungen im Mittleren Leinetal. Göttingen 1971. 241 Seiten mit 14 Abbildungen und 5 Beilagen. Preis 30,– DM.

Heft 58: **Brandt, Klaus: Historisch-geographische Studien zur Orts- und Flurgenese in den Dammer Bergen.** Göttingen 1971. 291 Seiten mit 7 Abbildungen und 8 Beilagen. Preis 28,80 DM.

Heft 59: **Amthauer, Helmut: Untersuchungen zur Talgeschichte der Oberweser.** Göttingen 1972. 99 Seiten mit 16 Abbildungen und 3 Beilagen. Preis 22,50 DM.

Heft 60: **Hans-Poser-Festschrift:** Herausgegeben von Jürgen Hövermann und Gerhard Oberbeck. Göttingen 1972. 576 Seiten mit 210 Abbildungen. Preis 37,50 DM.

Heft 61: **Pyritz, Ewald: Binnendünen und Flugsandebenen im Niedersächsischen Tiefland.** Göttingen 1972. 170 Seiten mit 27 Abbildungen und 3 Beilagen. Preis 24,– DM.

Heft 62: **Spönemann, Jürgen: Studien zur Morphogenese und rezenten Morphodynamik im mittleren Ostafrika.** Göttingen 1974. 98 Seiten mit 42 Abbildungen und 7 Beilagen. Preis 25,– DM.

Heft 63: **Scholz, Fred: Belutschistan (Pakistan). Eine sozialgeographische Studie des Wandels in einem Nomadenland seit Beginn der Kolonialzeit.** Göttingen 1974. 322 Seiten mit 81 Abbildungen und 3 Beilagen. Preis 60,– DM.

Heft 64: **Stein, Christoph: Studien zur quartären Talbildung in Kalk- und Sandgesteinen des Leine-Weser-Berglandes.** Göttingen 1975. 136 Seiten mit 61 Abbildungen und 3 Beilagen. Preis 18,– DM.

GÖTTINGER GEOGRAPHISCHE ABHANDLUNGEN

Herausgegeben vom Vorstand des Geographischen Instituts der Universität Göttingen
Schriftleitung: Karl-Heinz Pörtge

Heft 65: **Tribian, Henning: Das Salzgittergebiet.** Eine Untersuchung der Entfaltung funktionaler Beziehungen und sozioökonomischer Strukuren im Gefolge von Industrialisierung und Stadtenwicklung. Göttingen 1976. 296 Seiten mit 45 Abbildungen. Preis 33,– DM.

Heft 66: **Nitz, Hans-Jürgen (Hrsg.): Landerschließung und Kulturlandschaftswandel an den Siedlungsgrenzen der Erde.** Symposium anläßlich des 75. Geburtstages von Prof. Dr. Willi Czajka. Göttingen 1976. 292 Seiten mit 76 Abbildungen und Karten. Preis 32,– DM.

Heft 67: **Kuhle, Matthias: Beiträge zur Quartärmorphologie SE-Iranischer Hochgebirge.** Die quartäre Vergletscherung des Kuh-i-Jupar. Göttingen 1976. Textband 209 Seiten. Bildband mit 164 Abbildungen und Panorama. Preis 78,– DM.

Heft 68: **Garleff, Karsten: Höhenstufen der argentinischen Anden in Cujo, Patagonien und Feuerland.** Göttingen 1977. 152 Seiten, 34 Abbildungen, 6 Steckkarten. Preis 36,– DM.

Heft 69: **Gömann, Gerhard: Art und Umfang der Urbanisation im Raume Kassel.** Grundlagen, Werdegang und gegenwärtige Funktion der Stadt Kassel und ihre Bedeutung für das Umland. Göttingen 1978. 250 Seiten mit 22 Abbildungen und 2 Beilagen. Preis 48,– DM.

Heft 70: **Schröder, Eckart: Geomorphologische Untersuchungen im Hümmling.** Göttingen 1977. 120 Seiten mit 18 Abbildungen, 3 Tabellen und 7 zum Teil mehrfarbigen Karten. Preis 34,– DM.

Heft 71: **Sohlbach, Klaus D.: Computerunterstützte geomorphologische Analyse von Talformen.** Göttingen 1978. 210 Seiten, 37 Abbildungen und 13 Tabellen. Preis 51,30 DM.

Heft 72: **Brunotte, Ernst: Zur quartären Formung von Schichtkämmen und Fußflächen im Bereich des Markoldendorfer Beckens und seiner Umrahmung (Leine-Weser-Bergland).** Göttingen 1978. 142 Seiten mit 51 Abbildungen, 6 Tabellen und 4 Beilagen. Preis 37,50 DM.

Heft 73: **Liss, Carl-Christoph: Die Besiedlung und Landnutzung Ostpatagoniens unter besonderer Berücksichtigung der Schafestancien.** Göttingen 1979. 280 Seiten mit 60 Abbildungen und 5 Beilagen. Preis 48,50 DM.

Heft 74: **Heller, Wilfried: Regionale Disparitäten und Urbanisierung in Griechenland und Rumänien.** Aspekte eines Vergleichs ihrer Formen und Entwicklung in zwei Ländern unterschiedlicher Gesellschafts- und Wirtschaftsordnung seit dem Ende des Zweiten Weltkrieges. Göttingen 1979. 315 Seiten mit 59 Tabellen, 98 Abbildungen und 4 Beilagen. Preis 68,– DM.

Heft 75: **Meyer, Gerd-Uwe: Die Dynamik der Agrarformationen – dargestellt an ausgewählten Beispielen des östlichen Hügellandes, der Geest und der Marsch Schleswig-Holsteins.** Von 1950 bis zur Gegenwart. Göttingen 1980. 231 Seiten mit 26 Abbildungen, 18 Tabellen und 7 Beilagen. Preis 52,50 DM.

Heft 76: **Spering, Fritz: Agrarlandschaft und Agrarformation im deutsch-niederländischen Grenzgebiet des Emslandes und der Provinzen Drenthe/Overijssel.** Göttingen 1981. 304 Seiten mit 62 Abbildungen und 8 Kartenbeilagen. Preis 56,– DM.

Heft 77: **Lehmeier, Friedmut: Regionale Geomorphologie des nördlichen Ith-Hils-Berglandes auf der Basis einer großmaßstäbigen geomorphologischen Kartierung.** Göttingen 1981. 137 Seiten mit 38 Abbildungen, 9 Tabellen und 5 Beilagen. Preis 54,– DM.

Heft 78: **Richter, Klaus: Zum Wasserhaushalt im Einzugsgebiet der Jökulsá á Fjöllum, Zentral-Island.** Göttingen 1981. 101 Seiten mit 23 Tabellen und 37 Abbildungen. Preis 22,– DM.

Heft 79: **Hillebrecht, Marie-Luise: Die Relikte der Holzkohlewirtschaft als Indikatoren für Waldnutzung und Waldentwicklung.** Göttingen 1982. 158 Seiten mit 37 Tabellen, 34 Abbildungen und 9 Karten. Preis 47,50 DM.

Heft 80: **Wassermann, Ekkehard: Aufstrecksiedlungen in Ostfriesland.** Göttingen 1985. 172 Seiten und 12 Abbildungen. Preis 48,– DM.

Heft 81: **Kuhle, Matthias: Internationales Symposium über Tibet und Hochasien vom 8.–11. Oktober 1985 im Geographischen Institut der Universität Göttingen.** Göttingen 1986. 248 Seiten, 66 Abbildungen, 65 Figuren und 10 Tabellen. Preis 34,– DM.

Heft 82: **Brunotte, Ernst: Zur Landschaftsgenese des Piedmont an Beispielen von Bolsonen der Mendociner Kordilleren (Argentinien).** Göttingen 1986. 131 Seiten mit 50 Abbildungen, 3 Tabellen und 5 Beilagen. Preis 41,– DM.

Heft 83: **Hoyer, Karin: Der Gestaltwandel ländlicher Siedlungen unter dem Einfluß der Urbanisierung – eine Untersuchung im Umland von Hannover.** Göttingen 1987. 288 Seiten mit 57 Abbildungen, 20 Tabellen und 13 Beilagen. Preis 34,– DM.

Heft 84: **Aktuelle Geomorphologische Feldforschung. Vorträge anläßlich der 13. Jahrestagung des Deutschen Arbeitskreises für Geomorphologie vom 6.–10. Oktober 1986 im Geographischen Institut der Universität Göttingen.** Herausgegeben von Jürgen Hagedorn und Karl-Heinz Pörtge. Göttingen 1987. 128 Seiten mit 50 Abbildungen und 15 Tabellen. Preis 25,– DM.

Heft 85: **Kiel, Almut: Untersuchungen zum Abflußverhalten und fluvialen Feststofftransport der Jökulsá Vestri und Jökulsá Eystri, Zentral-Island. Ein Beitrag zur Hydrologie des Periglazialraumes.** Göttingen 1989. 130 Seiten mit 53 Abildungen und 20 Tabellen. Preis 24,– DM.

Heft 86: **Beiträge zur aktuellen fluvialen Morphodynamik.** Herausgegeben von Karl-Heinz Pörtge und Jürgen Hagedorn. Göttingen 1989. 144 Seiten mit 61 Abbildungen und 12 Tabellen. Preis 26,– DM.

Heft 87: **Rother, Norbert: Holozäne fluviale Morphodynamik im Ilmetal und an der Nordostabdachung des Sollings (Südniedersachsen).** Göttingen 1989. 104 Seiten mit 59 Abbildungen, 10 Tabellen und einer Beilage. Preis 22,– DM.

Heft 88: **Lehmkuhl, Frank: Geomorphologische Höhenstufen in den Alpen unter besonderer Berücksichtigung des nivalen Formenschatzes.** Göttingen 1989. 116 Seiten mit 39 Abbildungen, 64 Diagrammen, 6 Tabellen und 6 Beilagen. Preis 22,– DM.

Das vollständige Veröffentlichungsverzeichnis der GAA kann beim Verlag angefordert werden.

Alle Preise zuzüglich Versandspesen. Bestellungen an:

Verlag Erich Goltze GmbH & Co. KG., Göttingen